優秀建築公司・田中工務店的標準規格書

木造住宅的

實用 結構工法圖鑑

瑞昇文化

序言

　　建造過許多茶室型建築的田中工務店是祖父在80年前所創立的。目前在東京下町（平民區）的小岩從事木造訂製住宅的新建與整修工作。由於施工的建地大多位於都市地區，所以要一邊興建住宅，一邊因應「狹小土地很多、關於防火規範的對策、嚴格的斜線限制（註：建築物的高度限制之一）、地盤鬆軟」等許多難題。

　　雖然我目前是第3代經營者，但我當初並沒有打算繼承公司，大學畢業後，我在土木公司工作了三年。不過，在某個契機下，我決定到建築設計事務所工作，並在該處學習到住宅設計的樂趣。

　　後來，我開始在田中工務店工作，但在我進入公司的1990年時，與祖父的時代不同，公司是依照與量產工廠沒兩樣的規格來建造沒有特色的住宅。不過，經過幾年後，由於公司加盟了OM太陽能協會，所以遇見了許多具備優秀施工能力與設計能力的工務店與設計師。藉由向他們學習，公司終於能夠徹底地改變住宅建造方式。尤其是在與伊禮智先生合作的過程中，我一邊建造住宅，一邊學習到了許多新的觀念。在「對建築呈現方式的堅持、細節的追根究柢方式」等方面，他帶給我相當大的影響。

　　在建造住宅時，田中工務店的信條為「兼顧設計感與功能性」。即使是工務店所建造的住宅，此信條依然相同。而且，對設計感很講究也就表示，為了確保外觀與空間的美感，對於設計品味、成品以外的建材知識、結構工法的講究也是十分重要。當然，並非只有設計，確保其功能也很重要。溫熱性能、耐震性能、耐久度、維修便利性等長期優良住宅所具備的4項性能＋α也是不可或缺的。本公司所追求的，是一邊時常去思考設計與性能，一邊持續地建造高水準的住宅。

　　撰寫本書的契機，在於一年前，在以i-work成員為對象的研討會中，我負責講授以「學習i-works的結構工法」為題的施工篇課程。由於課程受到實際參與工作者的好評，再加上伊禮先生的推薦，所以講授內容被刊登在《建築知識Builders No.20》當中。後來，該文章也獲得好評，於是我大幅地補充內容，進而彙整成本書。

　　本書的內容，是由「本公司所研發的細節結構工法」，以及「與伊禮先生合作時所想出來的細節結構工法等」所構成。另外，基於地區性工務店這項特色，所以我們不只重視設計，在「住宅出現問題時的對策、可維修性、使用便利性」等方面也相當重視。希望本書有助於大家提昇住宅建造技術。

田中工務店　田中健司

田中工務店
東京都江戶川区西小岩3-15-1
電話：03-3657-3176　傳真：03-3657-3110　網站：http://www.tanaka-kinoie.co.jp/

Contents

本書是將《建築知識Builders》No.20、21的一部分報導進行轉載，並大幅刪改而成的作品。

門窗隔扇的訂製

如果很重視通風、採光、開放的視野、房間的連接方式、無障礙設計等要素的話，就要採用拉門（其中也包含懸吊門）來當作門窗隔扇的基本款。另外，基於尺寸自由度的考量，最好採用訂製的木製門窗隔扇。此外，由於門檻、門楣的外觀、把手等也會對設計的好壞產生很大影響，所以在重視使用便利性的同時，也要留意不顯眼的簡約結構工法與設計。

剖面詳細圖（S＝1：5）

146.5
223
50　123　50
10
25 15
40

59.5　21 20 21 20 21　62
40　36　36　36　65
5　5

由於門檻部分的跨距很大，
所以必須擴大剖面的尺寸。
藉由在上部採用倒角設計，
就能使其顯得較細。

223
168　55
36　36　36
5　5
12　12　12
6
25

在用來區隔榻榻米區與飯廳的拉門的門楣上採用倒角設計，來使外觀顯得簡潔的例子。

1-❷ 門窗隔扇的訂製 **拉門×外露5㎜的門窗隔扇外框**

處於打開狀態的懸吊門。雖然門檻會從天花板裝潢材料中凸出約5㎜，但整體在外觀上顯得很清爽。
懸吊門除了能讓地板裝潢材料相連，還有「施工較輕鬆」等優點。

剖面詳細圖（S＝1：8）

在直接連接門檻與天花板
時，藉由讓兩個平面之間
產生高度差，施工就會變
得較容易。

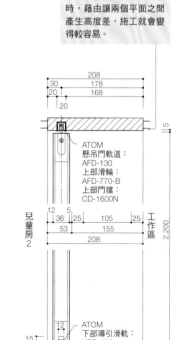

208
178
30　168
20
20
5

ATOM
懸吊門軌道：
AFD-130
上部滑輪：
AFD-770-B
上部門擋：
CD-1600N

兒童房2

12　36　5　25　105　25 工作區
53　155
208
2,200

12
ATOM
下部導引滑軌：
KSD-400
15
10

拉門 × 與天花板齊平的門窗隔扇外框

剖面詳細圖（S＝1：10）

在椴木膠合板與門楣之間採用板材縫隙工法，看起來會比較美觀。

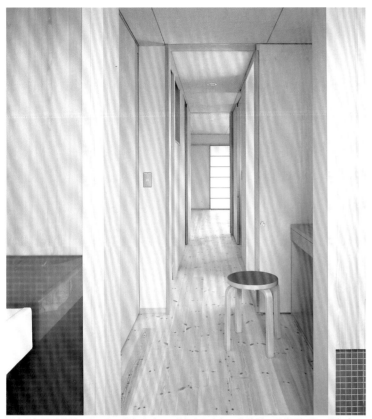

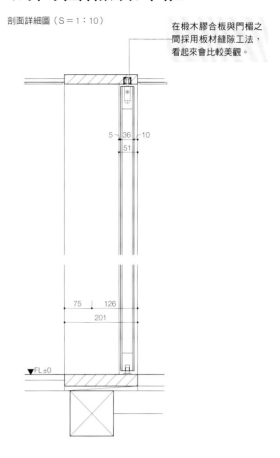

5～36　10
51

75　126
201

▼FL±0

這也是打開時的懸吊門。在天花板上貼5mm的椴木膠合板，能使懸吊門的門楣與天花板齊平（設計：伊禮智設計室）。

拉門 × 裝設在天花板上的門窗隔扇外框

剖面詳細圖（S＝1：10）

施工簡單，門窗隔扇的拆卸與調整也很輕鬆。

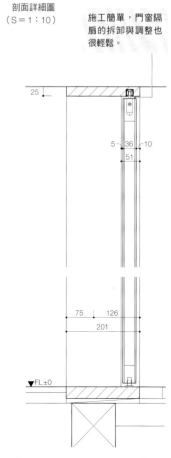

25

5　36　10
51

75　126
201

▼FL±0

用來區隔房間的4扇懸吊門。由於門楣直接裝設在天花板表面，所以會看到切面。
不過，由於門楣本身很長，所以不會令人在意。

1-⑤ 門窗隔扇的訂製　窗框×外露5㎜的門窗隔扇外框

剖面詳細圖（S＝1：10）

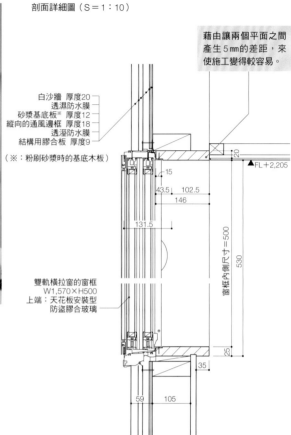

藉由讓兩個平面之間產生5㎜的差距，來使施工變得較容易。

白沙牆 厚度20
透濕防水膜
砂漿基底板※ 厚度12
縱向的通風邊框 厚度18
透溼防水膜
結構用膠合板 厚度9

（※：粉刷砂漿時的基底木板）

▲FL＋2,205
15
43.5　102.5
146
131.5
窗框內側尺寸＝500
530
25
35
59　105

雙軌橫拉窗的窗框
W1,570×H500
上端：天花板安裝型
防盜膠合玻璃

門窗隔扇外框包覆了清掃窗的周圍。兩個平面之間的高度差為5mm，幾乎不會令人在意。

1-⑥ 門窗隔扇的訂製　門楣中央的溝槽邊框

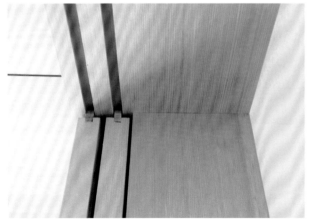

將拉門的門楣當成中央溝槽邊框的例子。

剖面詳細圖（S＝1：3）

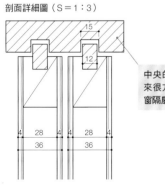

15
12
4　28　4　4　28　4
36　36

中央的溝槽邊框用起來很方便，不用管門窗隔扇的正反面。

1-⑦ 門窗隔扇的訂製　門楣／門檻的溝槽

隱藏式的雙面和紙日式拉門。一打開就會變成書房。

剖面詳細圖（S＝1：3）

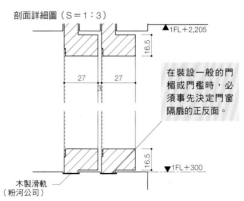

▲1FL＋2,205
16.5
27　27
3

在裝設一般的門楣或門檻時，必須事先決定門窗隔扇的正反面。

16.5
▼1FL＋300

木製滑軌
（粉河公司）

在門楣上使用 L型金屬條

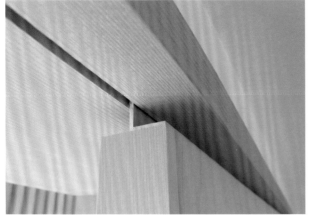

在此例子中,於拉門側裝設L型金屬條,並將其釘進門楣的溝槽中。
門窗隔扇也不分正反面。

門楣部分的剖面詳細圖(S=1:2)

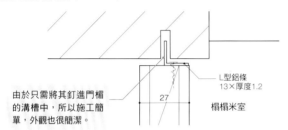

由於只需將其釘進門楣
的溝槽中,所以施工簡
單,外觀也很簡潔。

L型鋁條
13×厚度1.2

27

榻榻米室

在門楣上使用 L型金屬條 整修專用的結構工法

在此例子中,先將L型金屬條裝設在門楣上,再裝上拉門。
門檻的溝槽會在現場製作。

門楣部分的剖面詳細圖(S=1:2)

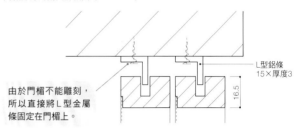

由於門楣不能雕刻,
所以直接將L型金屬
條固定在門楣上。

L型鋁條
15×厚度3

16.5

在門檻溝槽上裝設V型滑軌

剖面詳細圖(S=1:1)

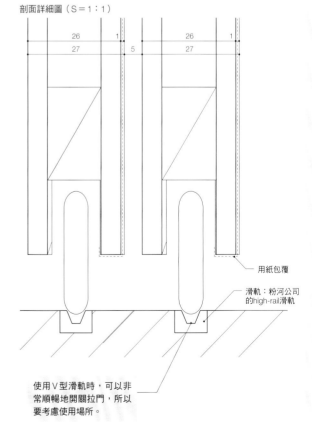

26 | 1 | 26 | 1
27 | 5 | 27

上/在門檻上製作而成
的V型滑軌。
左/在關閉狀態下,縫
隙會略為顯眼,門滑輪
也很顯眼。門楣大多會
成為中央的溝槽邊框。

用紙包覆

滑軌:粉河公司
的high-rail滑軌

使用V型滑軌時,可以非
常順暢地開關拉門,所以
要考慮使用場所。

直接將V型滑軌嵌進木質地板

剖面詳細圖（S＝1：3）

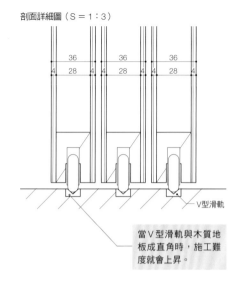

V型滑軌

當V型滑軌與木質地板成直角時，施工難度就會上昇。

上／直接刻在地板上的V型滑軌。
左／由於沒有門檻，所以在外觀上也能保持地板的連貫性。

懸吊門 × 無框的日式拉門

嵌入式矮桌所在的書房採用雙面和紙日式拉門。只要打開就會和走廊相連。

剖面詳細圖（S＝1：5）

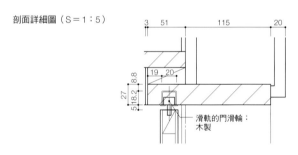

滑軌的門滑輪：木製

下部導引滑軌的詳細圖（S＝1：2）

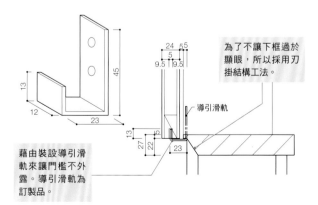

為了不讓下框過於顯眼，所以採用刃掛結構工法。

導引滑軌

藉由裝設導引滑軌來讓門檻不外露。導引滑軌為訂製品。

在此例子中，為了讓玄關變得明亮，所以設置玻璃框門與固定窗來當作牆壁。

平面詳細圖（S＝1：12）

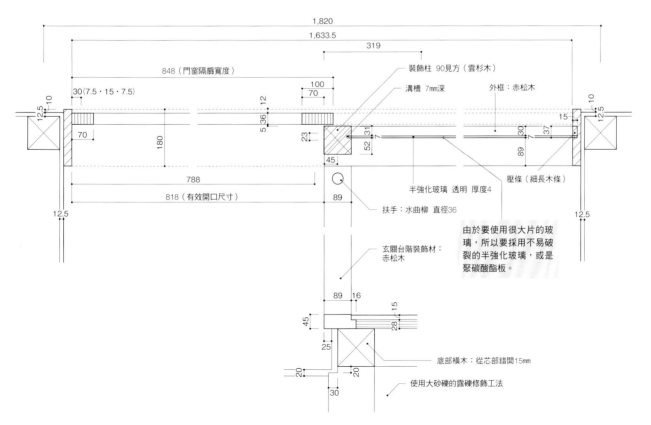

裝飾柱 90見方（雲杉木）

溝槽 7mm深

外框：赤松木

848（門窗隔扇寬度）

30（7.5・15・7.5）

壓條（細長木條）

半強化玻璃 透明 厚度4

788

818（有效開口尺寸）

扶手：水曲柳 直徑36

由於要使用很大片的玻璃，所以要採用不易破裂的半強化玻璃，或是聚碳酸酯板。

玄關台階裝飾材：赤松木

底部橫木：從芯部錯開15mm

使用大砂礫的露礫修飾工法

雙層格拉窗是傳統的門窗隔扇,當門關上時也能確保通風。在此例子中,設置目的在於,一邊控制寵物的出入,一邊通風。

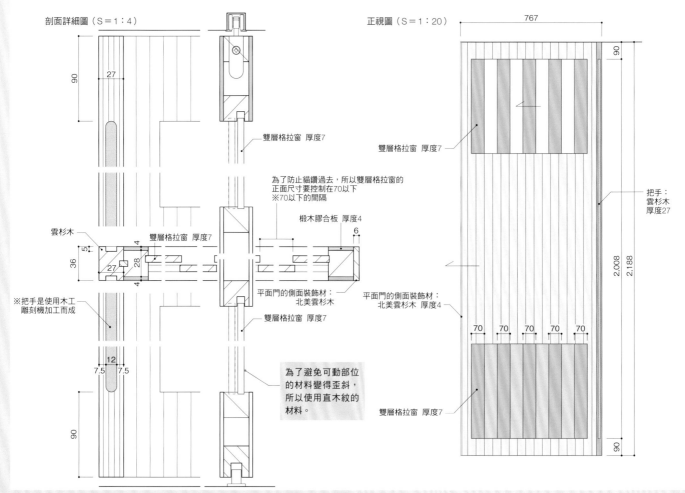

剖面詳細圖(S=1:4)

正視圖(S=1:20)

767

90

27

雙層格拉窗 厚度7

雙層格拉窗 厚度7

把手:
雲杉木
厚度27

為了防止貓鑽過去,所以雙層格拉窗的
正面尺寸要控制在70以下
※70以下的間隔

椴木膠合板 厚度4

6

雲杉木

雙層格拉窗 厚度7

36

5

4

28

27

4

平面門的側面裝飾材:
北美雲杉木

平面門的側面裝飾材:
北美雲杉木 厚度4

2.008

2.188

※把手是使用木工
雕刻機加工而成

雙層格拉窗 厚度7

70 70 70 70 70

12

7.5 7.5

為了避免可動部位
的材料變得歪斜,
所以使用直木紋的
材料。

雙層格拉窗 厚度7

90

90

1-15 門窗隔扇的訂製 薄膠合板製門窗隔扇 × 玻璃門滑軌

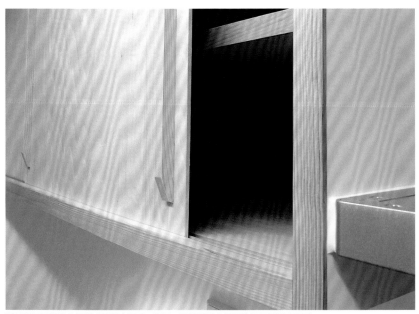

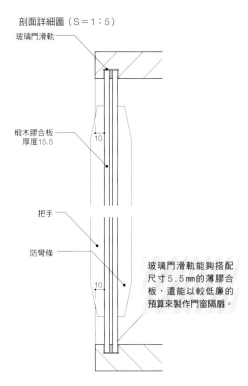

剖面詳細圖（S＝1：5）

玻璃門滑軌

椴木膠合板
厚度15.5

10

把手

防彎條

10

玻璃門滑軌能夠搭配
尺寸5.5mm的薄膠合
板，還能以較低廉的
預算來製作門窗隔扇。

懸吊門是用薄膠合板製成的門窗隔扇。這是一種能讓膠合板滑動的簡易門窗隔扇。
由木匠親手打造也是重點所在。

1-16 門窗隔扇的訂製 雙層聚碳酸酯板 × 玻璃門滑軌

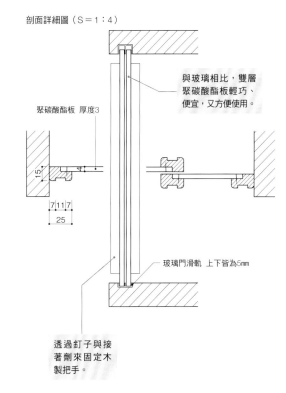

剖面詳細圖（S＝1：4）

與玻璃相比，雙層
聚碳酸酯板輕巧、
便宜，又方便使用。

聚碳酸酯板 厚度3

15

7 11 7
25

玻璃門滑軌 上下皆為5mm

透過釘子與接
著劑來固定木
製把手

由雙層聚碳酸酯板拉門所構成的懸吊門。與玻璃相比，外觀給人一種較為輕巧的印象。
這也是由木匠製作而成。

兩面都看得到窗欞的吉村式格子拉門

剖面詳細圖（S＝1：8）

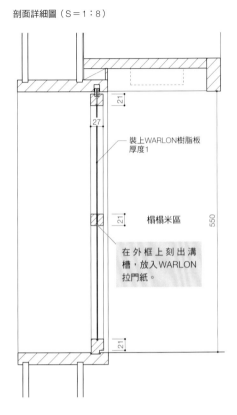

裝上WARLON樹脂板
厚度1

27

21

榻榻米區

21

550

在外框上刻出溝
槽，放入WARLON
拉門紙。

21

上／為了放入WARLON拉門紙而設置的溝槽。
右上／安裝好的雙面窗欞型吉村式格子拉門，從正反兩面都能打開。

框門×中間夾著紙布（布幕）的強化玻璃

剖面詳細圖（S＝1：3）

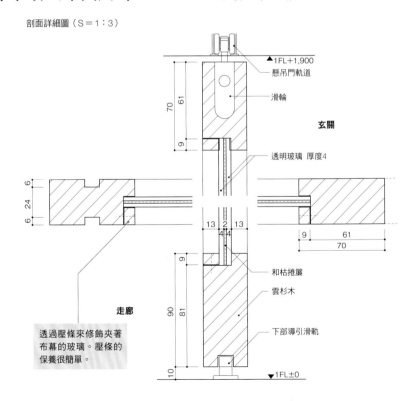

▲1FL+1,900

懸吊門軌道

滑輪

玄關

70

61

9

透明玻璃 厚度4

6

24

6

13 2 13
4 4

9

61

70

9

和枯捲簾

雲杉木

走廊

90

81

下部導引滑軌

透過壓條來修飾夾著
布幕的玻璃。壓條的
保養很簡單。

10

▼1FL±0

採用玻璃門滑軌的拉門中，夾著用和紙編織而成的布幕。
可以透出柔和的光線。

使用玻璃框門來當作玄關的拉門，藉此讓玄關的內側變得明亮。只要讓拉門的一小部分外露，在關門時就能輕易地摸到把手。

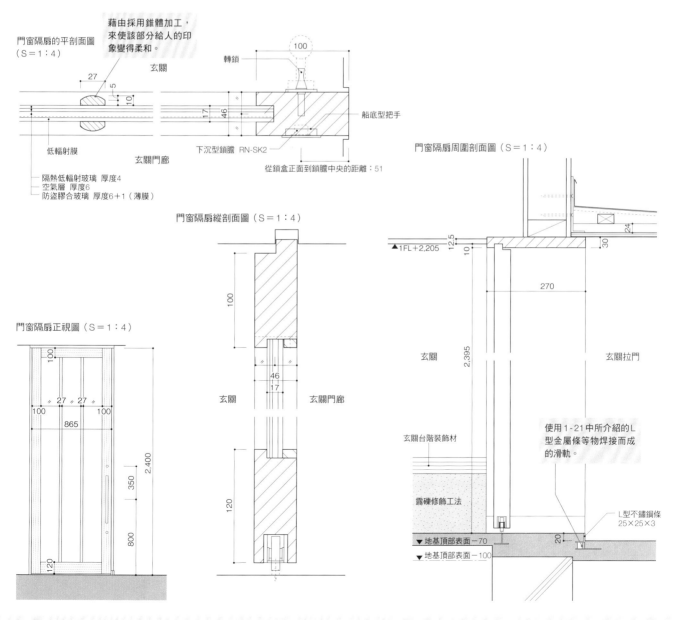

門窗隔扇的平剖面圖（S＝1：4）

藉由採用錐體加工，來使該部分給人的印象變得柔和。

玄關

轉鎖

27
5
10
17
46
100

船底型把手

低輻射膜

玄關門廊

下沉型鎖臍 RN-SK2

從鎖盒正面到鎖臍中央的距離：51

— 隔熱低輻射玻璃 厚度4
— 空氣層 厚度6
— 防盜膠合玻璃 厚度6+1（薄膜）

門窗隔扇縱剖面圖（S＝1：4）

100

46
17

玄關

玄關門廊

120

門窗隔扇正視圖（S＝1：4）

100
27 27
100
865
100
2,400
350
800
120

門窗隔扇周圍剖面圖（S＝1：4）

12.5
10
30
24

▲1FL＋2,205

270

玄關

玄關拉門

2,395

玄關台階裝飾材

使用1-21中所介紹的L型金屬條等物焊接而成的滑軌。

露礫修飾工法

L型不鏽鋼條
25×25×3

▼地基頂部表面－70

20

▼地基頂部表面－100

拉門平面詳細圖（S＝1：10）

此部分採用可拆卸式設計，當拉門的安裝狀態變差時，可以輕易地將門窗隔扇拆下，進行維修。

鑲板：花旗松木 厚度10　　　靜音滑軌

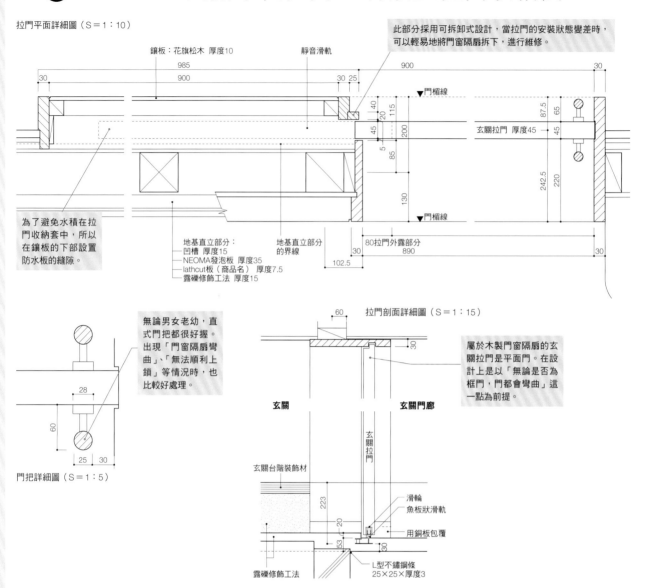

985
900
30　25
900
30

門楣線

40
20
115
45
5
85
200
130

玄關拉門 厚度45

87.5
65
45
242.5
220

門楣線

為了避免水積在拉門收納套中，所以在鑲板的下部設置防水板的縫隙。

地基直立部分：
凹槽 厚度15
NEOMA發泡板 厚度35
lathcut板（商品名） 厚度7.5
露礫修飾工法 厚度15

地基直立部分的界線

80拉門外露部分
30　　890　　30

102.5

無論男女老幼，直式門把都很好握。出現「門窗隔扇彎曲」、「無法順利上鎖」等情況時，也比較好處理。

28
60
25　30

門把詳細圖（S＝1：5）

拉門剖面詳細圖（S＝1：15）

60
30

屬於木製門窗隔扇的玄關拉門是平面門。在設計上是以「無論是否為框門，門都會彎曲」這一點為前提。

玄關　　　　　　　玄關門廊

玄關拉門

玄關台階裝飾材

223
20
53

滑輪
魚板狀滑軌
用銅板包覆
L型不鏽鋼條
25×25×厚度3

露礫修飾工法

從正面看到的玄關拉門。拉門收納套與玄關拉門採用相同裝潢，以呈現出整體感。

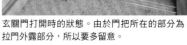

玄關門打開時的狀態。由於門把所在的部分為拉門外露部分，所以要多留意。

玄關木製拉門×滑軌＋導引滑軌的裝飾建材

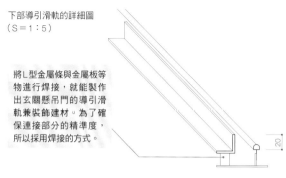

下部導引滑軌的詳細圖
（S＝1：5）

將L型金屬條與金屬板等物進行焊接，就能製作出玄關懸吊門的導引滑軌兼裝飾建材。為了確保連接部分的精準度，所以採用焊接的方式。

20

上／施工完成的玄關水泥地滑軌與導引滑軌裝飾建材。藉由製造出高低落差來減少雨水和灰塵進入玄關內部。
左／剛裝上導引滑軌後的模樣。可以看出L型金屬條與裝飾建材融為一體。

門窗隔扇剖面詳細圖（S＝1：10）

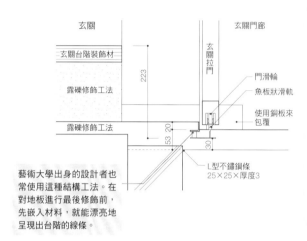

藝術大學出身的設計者也常使用這種結構工法。在對地板進行最後修飾前，先嵌入材料，就能漂亮地呈現出台階的線條。

椴木平面門（把手為純木材）

處於關閉狀態的平面門。把手部分也是只由刻出來的溝槽所構成，看起來很簡潔。

剖面詳細圖（S＝1：3）

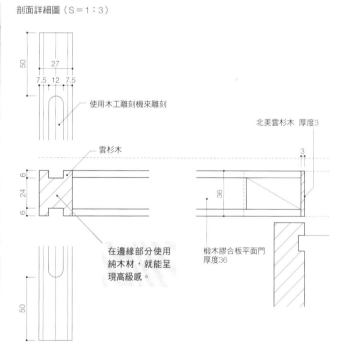

使用木工雕刻機來雕刻

雲杉木

北美雲杉木 厚度3

在邊緣部分使用純木材，就能呈現高級感。

椴木膠合板平面門 厚度36

1-23 門窗隔扇的訂製 平面門＋純木材×使用木工雕刻機直接雕刻而成的把手

直接使用木工雕刻機來雕刻純木材的例子。照片中的純木材是雲杉木，藉由使用與平面門裝潢建材相異的材料，就能成為設計上的特色。參考了伊禮智設計室的結構工法。

剖面詳細圖（S＝1：3）

雲杉木　在平面門上貼和紙

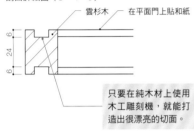

只要在純木材上使用木工雕刻機，就能打造出很漂亮的切面。

1-24 門窗隔扇的訂製 椴木平面門×使用木工雕刻機直接雕刻而成的把手

在此例子中，使用木工雕刻機來直接雕刻椴木膠合板平面門的表面，製作出把手。雖然可以看到基底木材，但不會讓人感到特別在意。當然，也不用花費成本。

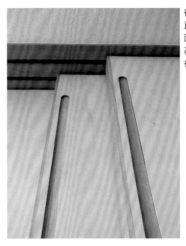

剖面詳細圖（S＝1：3）

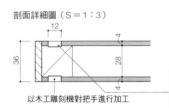

以木工雕刻機對把手進行加工

經過木工雕刻機的雕刻而顯現的基底部分，也會保持原狀。

1-25 門窗隔扇的訂製 直木紋水曲柳把手×薄膠合板製門窗隔扇

直木紋水曲柳膠合板製的門窗隔扇。與椴木相比，帶有高級感。
由於是薄膠合板製成的門窗隔扇，所以必須裝上把手，並盡量採用簡約的設計。

剖面詳細圖（S＝1：5）

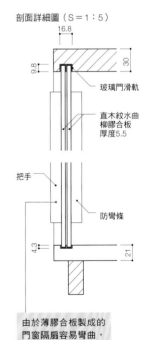

玻璃門滑軌

直木紋水曲柳膠合板厚度5.5

把手

防彎條

由於薄膠合板製成的門窗隔扇容易彎曲，所以邊緣部分必須裝上防彎條。

1-26 門窗隔扇的訂製 拉門×磁力門扣

裝設在門側與牆壁側的磁力門扣。只要採用如同照片中的顏色，就不會太顯眼，拉門也能確實關上。

1-27 門窗隔扇的訂製 鉸鏈門×止動門弓器（直接裝設在溝槽上）

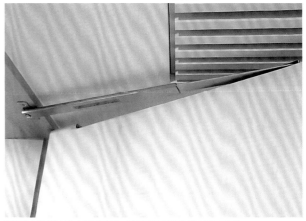

裝設在鉸鏈門上的止動門弓器。變得不需要在地板上裝設門擋。

剖面詳細圖（S＝1：3）

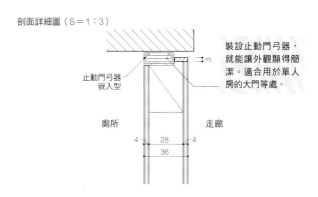

裝設止動門弓器，就能讓外觀顯得簡潔。適合用於單人房的大門等處。

止動門弓器
嵌入型

廁所　　　　走廊

4　　28　　4
36

1-28 門窗隔扇的訂製 懸吊式拉門的橡膠門擋

裝設在懸吊門的地板部分上的橡膠門擋。如果體積很小的話，就不會顯眼，而且可以防止懸吊門軌道的下部導引滑軌脫落。

1-29 門窗隔扇的訂製 樓梯口拉門的木製門擋

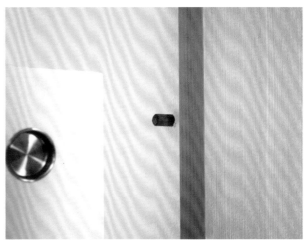

設置樓梯拉門的目的在於，避免有人摔落，以及阻擋冷暖空調的氣流。與牆壁相接的部分裝上了用柚木、櫟木、水曲柳等硬木所製成的木製門擋。既漂亮又不顯眼。（設計：伊禮智設計室）

天窗

將閣樓和室的窗戶當成天窗的例子。

和室剖面圖（S＝1：30）

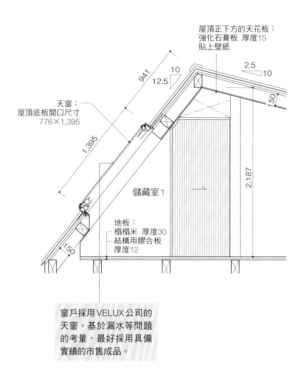

屋頂正下方的天花板：
強化石膏板 厚度15
貼上壁紙

天窗：
屋頂底板開口尺寸
776×1,395

儲藏室1

地板：
榻榻米 厚度30
結構用膠合板
厚度12

941
12.5
10
2.5
10
150
1,395
2,187
150

窗戶採用VELUX公司的
天窗。基於漏水等問題
的考量，最好採用具備
實績的市售成品。

落地窗

在此例子中，為了避免視線與路人或鄰居交會，所以設置了落地窗。落地窗不僅可以讓人避開來自周圍的視線，還能發揮通風與採光作用，並進一步地將靠近地面的景色帶進室內。在此例子中，基於防盜與設計上的考量，所以透過木製百葉窗來包覆外側部分。

高側窗

為了避免視線與路人或鄰居交會，很多時候也會裝設高側窗。與落地窗相比，比較能夠讓室外光線照進房間深處。雖說是高側窗，但為了方便開關與清掃，還是會盡量設置在伸手可及的位置。

木造裝潢／樓梯

木造裝潢的基礎知識為：控制正面部分的寬度，然後一邊消除線條，一邊進行修飾。儘管如此，還是必須掌握在性能或功能上必要的構造與尺寸。另外，樓梯最好也採用訂製的，使其融入周圍的設計。尤其是在沒有要將樓梯下方當成收納空間或房間等的情況下，最好採用省略了樓梯豎板的無豎板樓梯，讓光線和風能在上下樓層之間移動。

2-① 木造裝潢／樓梯 外框上方的壓縫板條

剖面詳細圖（S＝1：10）

▲1FL＋2,205

108　52.5

當主要橫梁在天花板上露出來時，就要像這樣使用壓縫板條來修飾。

▼1FL＋2,000

25

23　77.5

15　115.5

內側尺寸H＝2,000

2,050

內部

2,000

木質地板 厚度15
結構用膠合板 厚度28

▼1FL

將壓縫板條裝設在外框上方的例子。能讓門窗裝飾框呈現整體感。

2-② 木造裝潢／樓梯 門窗隔扇之間的壓縫板條

剖面詳細圖（S＝1：30）

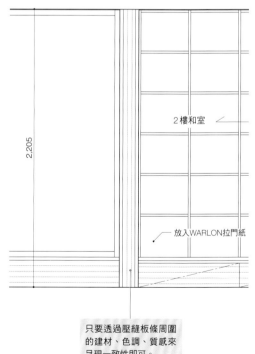

2,205

2樓和室

放入WARLON拉門紙

只要透過壓縫板條周圍的建材、色調、質感來呈現一致性即可。

在門窗隔扇之間裝設壓縫板條的例子。和當作牆壁相比，門窗隔扇的外框和木材呈現整體感，營造出連貫性。

2-③ 木造裝潢／樓梯　外框內的壓縫板條

剖面詳細圖（S＝1：10）

裝設壓縫板條，就能使其看起來有如帶狀窗。

透明玻璃
側懸式外推窗
鉸鏈位於右側
W570×H900

固定窗
W570×H900
下端＝FL＋240

25
118.5
96
71　25
90
80
160
窗框內側尺寸＝900
2FL＋2,225
窗框內側尺寸＝900
2FL＋240

在上下窗戶之間設置壓縫板條的例子。讓門窗裝飾框呈現出整體感，以營造高級感。

2-④ 木造裝潢／樓梯　外框下方的壓縫板條

上／透過壓縫板條，來修飾為了設置陽台的直立式防水層而建造的台階。
右／外框下方的壓縫板條詳細圖（與右圖不同的例子）。

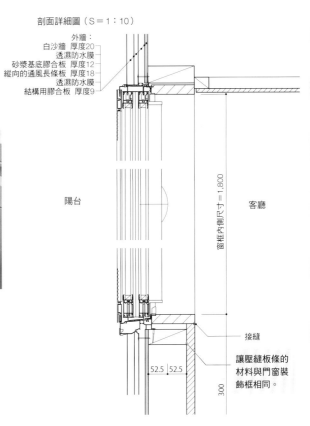

剖面詳細圖（S＝1：10）

外牆：
白沙牆　厚度20
透濕防水膜
砂漿基底膠合板　厚度12
縱向的通風長條板　厚度18
透濕防水膜
結構用膠合板　厚度9

陽台

客廳

窗框內側尺寸＝1,800

接縫

讓壓縫板條的材料與門窗裝飾框相同。

52.5　52.5

300

室內中庭的壓縫板條

在室內中庭的上下窗戶之間的牆壁上貼壓縫板條。

剖面詳細圖（S＝1：8）

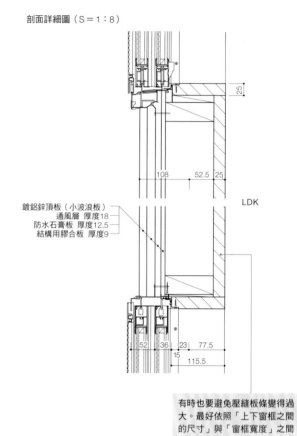

25

108　52.5　25

LDK

鍍鋁鋅頂板（小波浪板）
通風層　厚度18
防水石膏板　厚度12.5
結構用膠合板　厚度9

52　36　23　77.5
15
115.5

有時也要避免壓縫板條變得過大。最好依照「上下窗框之間的尺寸」與「窗框寬度」之間的平衡來決定。

轉角

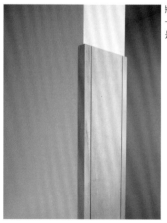

將純雲杉木貼在轉角的例子。如此一來，就能防止汙損。表面的溝槽是為了讓正面部分看起來較小。

剖面詳細圖（S＝1：12）

透過圓盤鋸來刻出表面的溝槽。

柱子外殼×準防火結構

採用準防火結構的木造裝潢時，雖然會用石膏板將柱子包覆起來，但是為了呈現木材質感，所以會再貼上純雲杉木。

剖面詳細圖（S＝1：10）

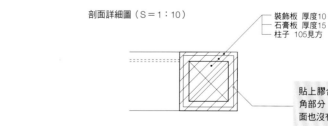

裝飾板　厚度10
石膏板　厚度15
柱子　105見方

貼上膠合板的外側轉角部分，即使露出切面也沒有關係。

2-⑧ 木造裝潢／樓梯 將火打梁的螺栓隱藏起來

在此例子中，將「壓緊金屬零件」（註：裝設在柱腳或柱頭的接合零件，可避免柱子從地基或橫梁上脫落）的螺栓部分裝設在火打梁的頂部表面，使其隱藏起來。由於只要依照一般的方式事先裁切，就能在側面鑽孔，所以在施工現場，工匠會以手工方式來對螺栓孔加工。

2-⑨ 木造裝潢／樓梯 不鏽鋼製斜支柱 × 準防火建築物

使用不鏽鋼製斜支柱來當作窗戶斜支柱的例子。即使是木造的準防火結構建築，只要設有不鏽鋼製斜支柱，直接讓斜支柱外露也無妨，所以在「窗戶與承重牆無論如何都會重疊」的場所，要採用這種結構工法。

採用大壁型牆壁時的結構外露設計（橫梁）

採用大壁型牆壁時，由於外露的橫梁會很顯眼，所以最好要考慮到鑽孔位置等，讓壓緊金屬零件的螺栓不要太顯眼。採用D螺栓等能裝設在橫梁內的金屬零件，應該也是不錯的作法。

採用大壁型牆壁時的結構外露設計（屋頂骨架）

採用大壁型牆壁時，藉由讓屋頂骨架外露，就能在空間中營造出木造住宅的氣氛。不過，如果考慮到屋頂隔熱等用途的空間，就必須將其當成斜梁等結構，以確保足夠的性能。

地板 × 牆壁 × 天花板的連接工法

在天花板與牆壁上貼長條狀杉木板的例子。
地板採用純落葉松木，沒有設置地板收邊條。

在此例子中，為天花板與牆壁貼上了紙質壁紙，地板則採用純落葉松木。

在此例子中，為天花板與牆壁貼上了紙質壁紙，
地板則採用軟木地板。

在此例子中，天花板採用椴木膠合板，牆壁採用紙質壁紙，地板則採用榻榻米。

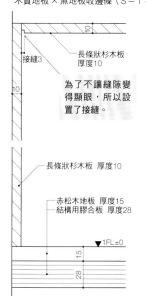

天花板、牆壁：長條狀木板×地板：
木質地板×無地板收邊條（S＝1：4）

接縫3

長條狀杉木板
厚度10

**為了不讓縫隙變
得顯眼，所以設
置了接縫。**

長條狀杉木板 厚度10

赤松木地板 厚度15
結構用膠合板 厚度28

▼1FL±0

天花板、牆壁：壁紙×地板：木質地板
×有地板收邊條（S＝1：4）

椴木膠合板
厚度5.5

石膏板 厚度5.5
貼上壁紙

榻榻米 厚度30
結構用膠合板 厚度12

▼1FL±0

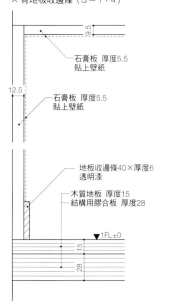

天花板、牆壁：壁紙×地板：軟木地板
×有地板收邊條（S＝1：4）

石膏板 厚度5.5
貼上壁紙

石膏板 厚度5.5
貼上壁紙

地板收邊條40×厚度6
透明漆
木質地板 厚度15
結構用膠合板 厚度28

▼1FL±0

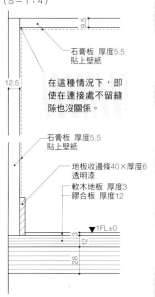

天花板：椴木膠合板×牆壁：壁紙
×地板：榻榻米×榻榻米邊緣橫木
（S＝1：4）

石膏板 厚度5.5
貼上壁紙

**在這種情況下，即
使在連接處不留縫
隙也沒關係。**

石膏板 厚度5.5
貼上壁紙

地板收邊條40×厚度6
透明漆
軟木地板 厚度3
膠合板 厚度12

▼1FL±0

牆壁上的軟木板裝潢

展開圖（S＝1：20）

軟木壁紙 厚度21

1,380

直接連接工法

椴木膠合板 厚度5

在腰壁以上的部分貼上軟木板的例子。透過沉穩的色調來融入周圍的室內裝潢。

若採用軟木板和椴木膠合板的話，由於厚度差為0.5mm，所以只要採用直接連接工法，就能裝潢得很漂亮。軟木板的基底部分一定要採用石膏板。

室內中庭的頂部蓋板

剖面詳細圖（S＝1：10）

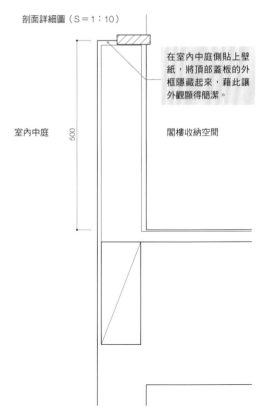

在室內中庭側貼上壁紙，將頂部蓋板的外框隱藏起來，藉此讓外觀顯得簡潔。

室內中庭

500

閣樓收納空間

將頂部蓋板裝設在室內中庭2樓的扶手牆上。藉由將頂部蓋板隱藏起來，使外觀變得很簡潔。參考了伊禮智設計室的結構工法。

地板的膠合板裝潢

右上圖為赤松木膠合板，其餘為歐洲落葉松膠合板。在所有無地板橫木的膠合板上都貼了12mm厚的膠合板。只要挑選美觀的室內裝潢專用膠合板，即使不進行塗裝，也足以當成地板來使用。另外，由於椴木膠合板等色調較明亮的膠合板容易使髒污變得明顯，所以要進行充分的塗裝。若不想進行塗裝的話，最好避免使用該類膠合板。

在牆壁／天花板上貼杉木板

將杉木板貼在牆壁和天花板上的例子。若貼成橫的，會顯得俗氣，所以大多都會貼成直的。基於外觀上的考量，不要設置收邊條會比較好。

玄關台階裝飾材

剖面詳細圖（S＝1：10）

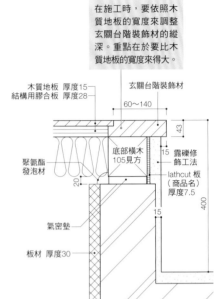

在施工時，要依照木質地板的寬度來調整玄關台階裝飾材的縱深。重點在於要比木質地板的寬度來得大。

木質地板 厚度15
結構用膠合板 厚度28

玄關台階裝飾材

60～140

43

聚氨酯發泡材

底部橫木 105見方

15

露礫修飾工法

lathcut 板（商品名）厚度7.5

20

氣密墊

15

400

板材 厚度30

直接將水泥地的露礫修飾工法運用在直立部分的例子。

有設置木板台階的玄關台階裝飾材

剖面詳細圖（S＝1：10）

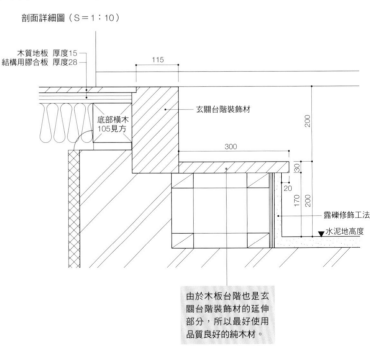

木質地板 厚度15
結構用膠合板 厚度28

115

玄關台階裝飾材

底部橫木 105見方

200

300

30

20

170

200

露礫修飾工法

▼水泥地高度

有裝設木板台階的玄關。當通道較短時，會採用這種設計。

由於木板台階也是玄關台階裝飾材的延伸部分，所以最好使用品質良好的純木材。

以補強板為基底的木板台階

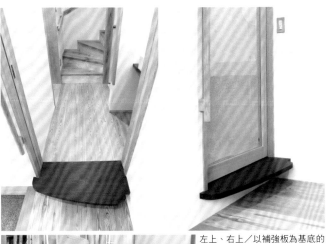 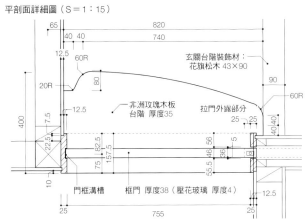

平剖面詳細圖（S＝1：15）

65
820
40 40
740
12.5
60R
玄關台階裝飾材：
花旗松木 43×90
20R
80
90
60R
400
7.5
12.5
非洲玫瑰木板
台階 厚度35
拉門外露部分
25
40 40
22.5
82.5
157.5
75
56
5
46
36
55.5
25
10
門框溝槽
框門 厚度38（壓花玻璃 厚度4）
12.5
25
755
25

左上、右上／以補強板為基底的
木板台階。使用了非洲玫瑰木這
種高級材料。
下／用來當作基底的補強板。由
鋼骨工匠加工而成。

縱剖面詳細圖（S＝1：8）

玄關　　　　　　　走廊

非洲玫瑰木板台階
厚度35
120
37.5　　37.5
12
透過螺釘，將
補強板裝設在
底部橫木上。
▽1FL±0
孔 鑽錐坑加工
3.8×28mm
使用粗紋螺釘
孔 鑽錐坑加工
5.5×90mm
使用粗紋螺釘
4.5

玄關的縱向扶手

剖面詳細圖（S＝1：5）

在縱向扶手部分，
只要使用櫟木、水
曲柳等硬木即可。

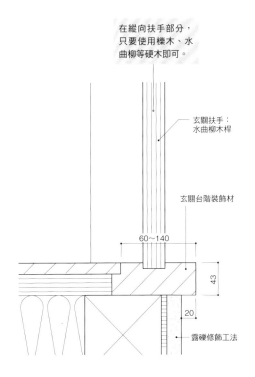

玄關扶手：
水曲柳木桿

玄關台階裝飾材

60～140
43
20
露礫修飾工法

從地板延伸到天花板的玄關縱向扶手。
除了「各種身高的人都能使用」這一點以外，即使附近沒有牆壁也能裝設。

貓走道的木製扶手／支柱

貓走道（catwalk）既能強化結構，也能當成清理窗戶時的立足處。為了確保採光，最好在安全的範圍內設置空隙。

剖面詳細圖（S＝1：15）

90
40
雲杉木

75

900

雲杉木
45×75

雲杉木
28.5×108

400   12.5

60   334   18.5

45   6

雲杉木
40×60

40

108

43

90   210

日本扁柏
（檜木）
40×85

28.5

420

為了避免從下方看起來很粗糙，所以對扶手下端進行錐體加工處理。

平面圖（S＝1：30）

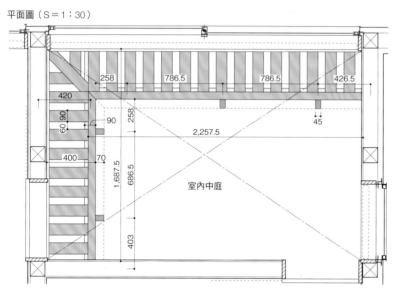

258   786.5   786.5   426.5

420

60 90

90   258

45

2,257.5

400   70

1,687.5   686.5

室內中庭

403

貓走道的木製扶手／金屬支柱

在客廳的大型室內中庭內設置貓走道（catwalk）的例子。透過金屬支柱與扶手來呈現簡潔風格。

剖面圖（S＝1：30）

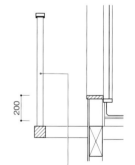

200

即使扶手與支柱採用扁鋼條製成，基於手感的考量，扶手的頂部表面等處最好使用木材等材質。

平面圖（S＝1：30）

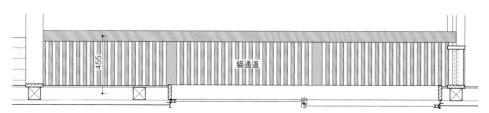

455   貓通道

室內中庭的木製扶手（直窗櫺）

剖面圖（S＝1：20）

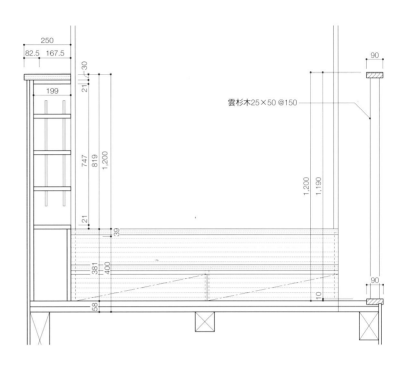

雲杉木25×50 @150

在面向室內中庭的場所設置木製扶手的例子。2樓的走廊位於此處，為了避免有人摔落，所以在細型百葉的上方設置了扶手。讓百葉的木材寬度與空隙尺寸相同，看起來就會很漂亮。

走廊的木製扶手（橫窗櫺）

正視圖（S＝1：30）

在扶手連接處採用斜接加工等工法，以呈現出「經過刨切的實心木板」的質感。

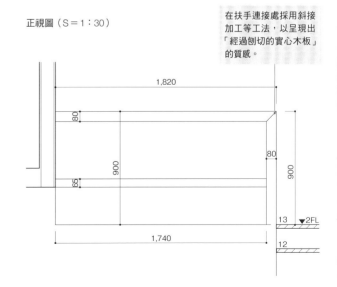

使用木質材料來呈現實心木板質感的扶手。在這種情況下，最好不要設置很細的窗櫺，而是要透過較大的空隙來呈現沉穩感。

2-**25** 木造裝潢／樓梯 隔音室的天花板

剖面詳細圖（S＝1：20）

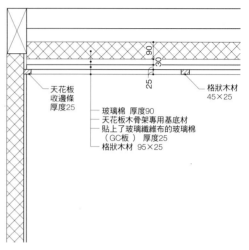

90
30
25

天花板
收邊條
厚度25

格狀木材
45×25

玻璃棉 厚度90
天花板木骨架專用基底材
貼上了玻璃纖維布的玻璃棉
（GC板） 厚度25
格狀木材 95×25

施工步驟
①依照40×30的規格，將「天花板木骨架專用基底材」與「天花板收邊條的基底材」裝設在天花板上。
②裝上天花板收邊條與中層木骨架，並使其與基底之間留下25mm的空隙（GC板的厚度）。
③透過臨時釘，將調整好尺寸的GC板固定在天花板基底上。
④透過暗榫與接著劑，將格狀木材黏在中層木骨架與天花板收邊條上，並透過暗釘與楔木來固定。

在此例子中，先將包覆著布料的玻璃棉板貼在天花板上，然後再用格狀木材將其壓住。玻璃棉板是帕拉瑪溫特玻璃工業公司的產品，名稱叫做「GC板」。

2-**26** 木造裝潢／樓梯 小型室內中庭

設置在小型住宅中的室內中庭。照片都是同一個室內中庭，由左到右依序為2樓、從2樓往下看、1樓。
像這樣，即使大小只有0.25～0.5坪，在通風、採光、視野的開放度方面，還是具備足夠的效果。

訂製而成的無豎板樓梯。主要採用北美雲杉木來製作。由於無豎板樓梯能夠讓2樓的光線通過，也具備通風作用，所以能夠代替室內中庭。

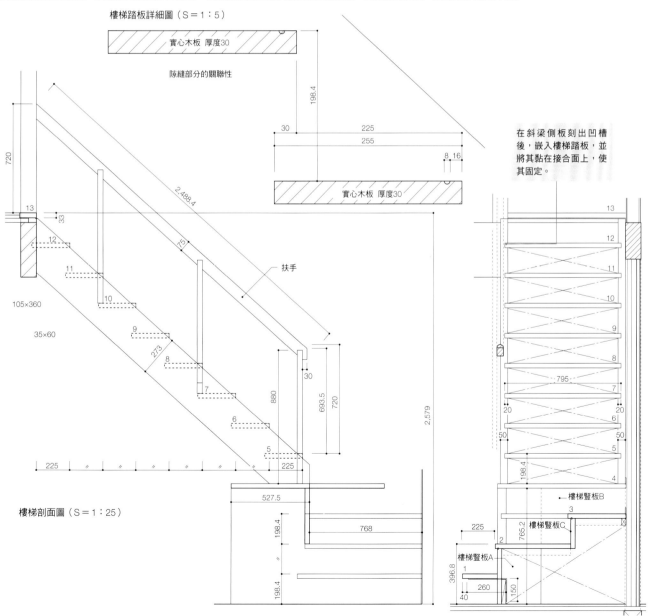

樓梯踏板詳細圖（S＝1：5）

實心木板 厚度30

隙縫部分的關聯性

實心木板 厚度30

在斜梁側板刻出凹槽後，嵌入樓梯踏板，並將其黏在接合面上，使其固定。

扶手

樓梯剖面圖（S＝1：25）

樓梯豎板B

樓梯豎板C

樓梯豎板A

樓梯收邊條的簡化

剖面詳細圖（S＝1：10）

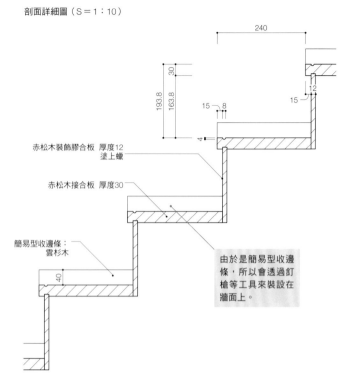

赤松木裝飾膠合板 厚度12
塗上蠟

赤松木接合板 厚度30

簡易型收邊條：
雲杉木

由於是簡易型收邊
條，所以會透過釘
槍等工具來裝設在
牆面上。

裝設在樓梯踏板部位的收邊條。比設置鋸齒狀收邊條來得簡單，效果也不錯。材質
為雲杉木。

有設置準防火構造薄壁的螺旋梯

平剖面詳細圖（S＝1：50）

為了做成準防火構造，
所以要使用2片30mm厚
的實心木板，讓厚度達
到60mm。

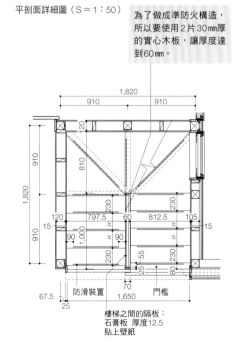

防滑裝置　門檻

樓梯之間的隔板：
石膏板 厚度12.5
貼上壁紙

從上方看到的螺旋梯。藉由使翼牆變薄，來讓樓梯變得較寬。

可用於準防火／防火建築物的合成梯（嵌入鋼板）

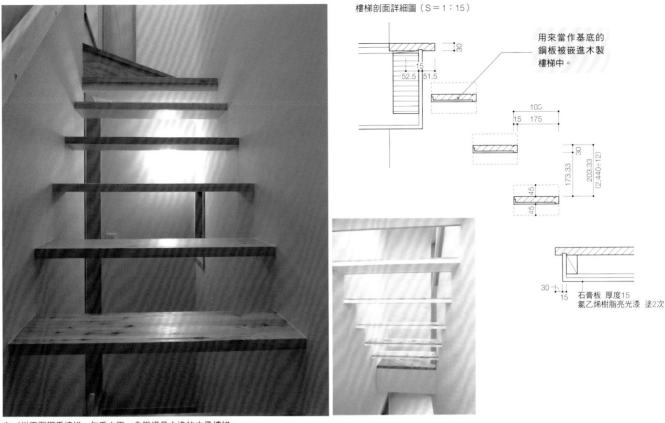

樓梯剖面詳細圖（S＝1：15）

用來當作基底的
鋼板被嵌進木製
樓梯中。

30
15
52.5 51.5

105
15 175

30
173.33
203.33
(2,440÷12)

45 45

30
15
石膏板 厚度15
氯乙烯樹脂亮光漆 塗2次

左／從正面觀看樓梯。乍看之下，會覺得是木造的木骨樓梯。
右／從內側觀看的話，可以清楚地看到鋼板。白色塗裝能夠使鋼板與周圍同化，而且不顯眼。

可用於準防火／防火建築物的合成梯（直接貼上鋼板）

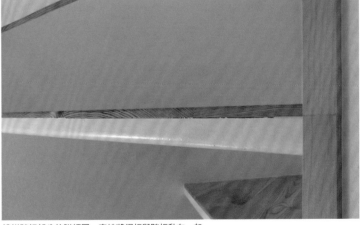

樓梯踏板部分的詳細圖。直接將鋼板與踏板黏在一起。

樓梯中牆※安裝側的剖面詳細圖（S＝1：10）
（※：樓梯之間的牆）

螺旋梯豎板部分的剖面詳細圖
（S＝1：10）

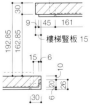

221
24 215 6
30
20 10
26
樓梯
豎板15
30 161 30
221
6
192.85
162.85
9

30
9 45 161
樓梯豎板 15
15 6
20 10
26
30
6
192.85
162.85

用來當作基底的鋼
板沒有被嵌進木製
樓梯中，而是直接
黏在踏板上。

從下方往上看到的樓梯。

樓梯扶手

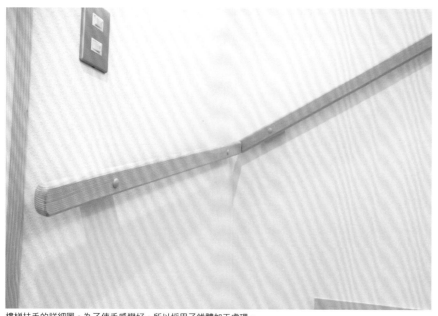

剖面詳細圖（S＝1：4）

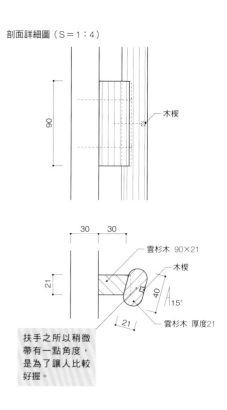

木楔

90

30　30

21

雲杉木 90×21

木楔

40

15°

21

雲杉木 厚度21

扶手之所以稍微
帶有一點角度，
是為了讓人比較
好握。

樓梯扶手的詳細圖。為了使手感變好，所以採用了錐體加工處理。
另外，只要將木楔拔出，就能夠拆卸此扶手。
在走廊上搬運大型物品時，如果扶手無論如何都很礙事的話，就可以利用此設計來拆卸扶手。

樓梯所在的架高地板

將樓梯第一層的地板升高的例子。
此台階除了能當作長椅以外，還具
備多種用途，像是收納空間等。

剖面詳細圖（S＝1：20）

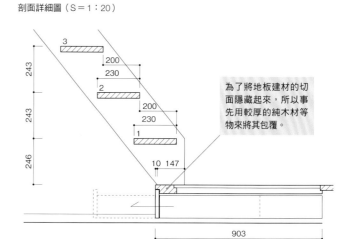

3

200

230

2

200

230

1

243

243

246

10　147

903

為了將地板建材的切
面隱藏起來，所以事
先用較厚的純木材等
物來將其包覆。

樓梯口的腰高拉門與外框溝槽

腰高拉門打開時與關上時的模樣。可以防止兒童摔落與冷暖氣流移動。（設計：伊禮智設計室）

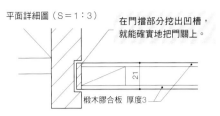

平面詳細圖（S＝1：3）

在門擋部分挖出凹槽，就能確實地把門關上。

椴木膠合板 厚度3

21

正視圖（S＝1：10）

頂板：雲杉木 厚度27

不鏽鋼圓形門把 直徑30

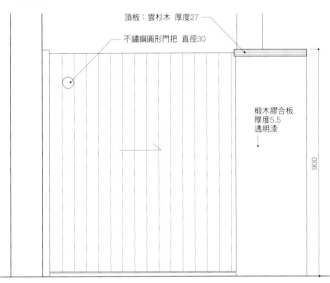

椴木膠合板
厚度5.5
透明漆

900

腰高拉門的拉門勾鎖

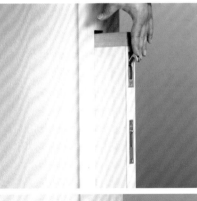

腰高拉門既能防止兒童摔落，又能阻止冷氣流動。為了不阻礙通行，平時會將拉門整齊地收進牆內。此外，為了不讓孩子打開拉門，所以在拉門背面裝設單側型轉鎖。

樓梯豎板的收納空間

在此例子中，從正中央進行切割，讓每一層都擁有2個收納抽屜。以樓梯為例，藉由將抽屜分割成兩半，就能強化樓梯踏板基底的中央部分。

地板下方的挖空型檢修孔 × 地基隔熱

在此例子中，將純木地板的一部分挖空，以設置地板下方檢修孔。
由於不是市售成品，所以外觀給人的印象也很好。

剖面詳細圖（S＝1：10）

基於地板在夏天會膨脹的考量，所以在施工時，會事先保留一點空隙。

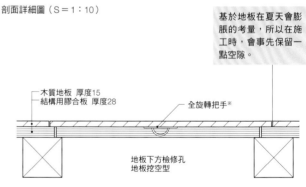

木質地板 厚度15
結構用膠合板 厚度28
全旋轉把手※

地板下方檢修孔
地板挖空型

（※：平時不用時是平的，可轉動180度）

家具／收納空間

考量到與室內裝潢的搭配，家具最好也採用訂製的。尤其是與建築物融為一體的嵌入式家具，不但可以有效利用空間，屋主的滿意度也很高。另外，只要妥善運用金屬零件，以前令人感到棘手的有腳家具，其製作難度不但可以降低，而且能夠在施工現場製作。只要採用簡約的設計，家具就不會變得過於奇怪。

嵌入式矮桌的實例。即使是榻榻米地板，腳也能伸進桌子下，所以坐起來
很輕鬆。

正視圖（S＝1：20）

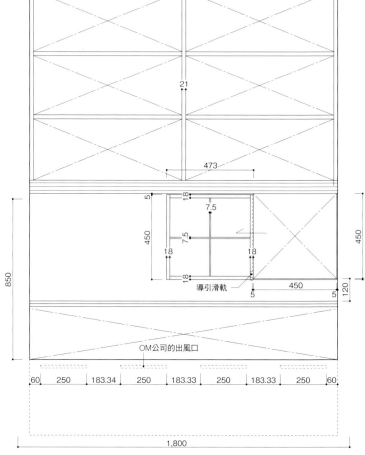

導引滑軌

OM公司的出風口

60 | 250 | 183.34 | 250 | 183.33 | 250 | 183.33 | 250 | 60

1,800

剖面詳細圖（S＝1：20）

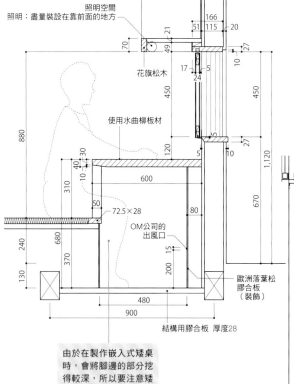

照明：盡量裝設在靠前面的地方
照明空間

花旗松木

使用水曲柳板材

OM公司的
出風口

歐洲落葉松
膠合板
（裝飾）

結構用膠合板 厚度28

由於在製作嵌入式矮桌
時，會將腳邊的部分挖
得較深，所以要注意矮
桌與結構材料之間的連
接工法。

平面圖（S＝1：20）

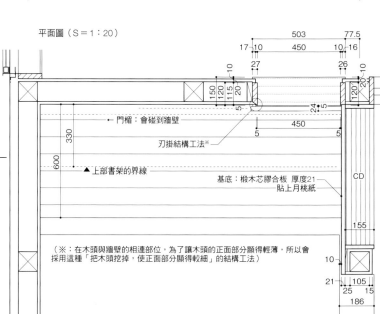

門楣：會碰到牆壁

刃掛結構工法※

▲上部書架的界線

基底：椴木芯膠合板 厚度21
貼上月桃紙

CD

（※：在木頭與牆壁的相連部位，為了讓木頭的正面部分顯得輕薄，所以會
採用這種「把木頭挖掉，使正面部分顯得較細」的結構工法）

將嵌入式暖桌收進地板下方的步驟。將位於桌腳下方的外框拆掉，就能將暖桌收進地板下方。桌板就直接當成蓋子。

剖面詳細圖（S＝1：12）

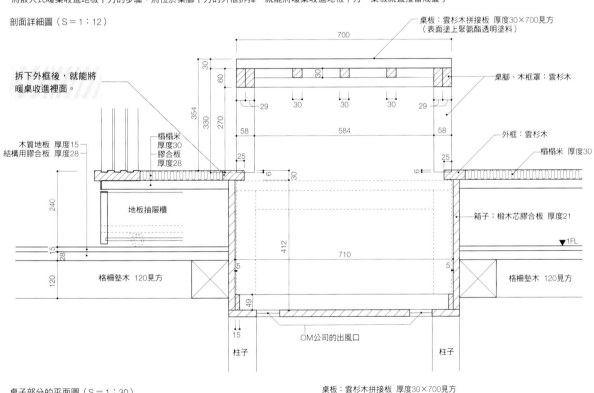

桌板：雲杉木拼接板　厚度30×700見方
（表面塗上聚氨酯透明塗料）

拆下外框後，就能將
暖桌收進裡面。

桌腳、木框罩：雲杉木

木質地板　厚度15
結構用膠合板　厚度28

榻榻米
厚度30
膠合板
厚度28

外框：雲杉木

榻榻米　厚度30

地板抽屜櫃

箱子：椴木芯膠合板　厚度21

▼1FL

格柵墊木　120見方

格柵墊木　120見方

OM公司的出風口

柱子

柱子

桌子部分的平面圖（S＝1：30）

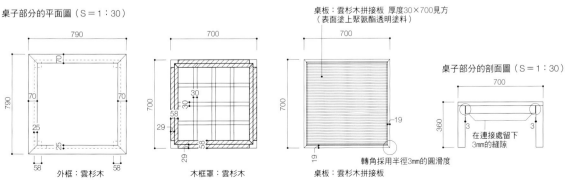

外框：雲杉木

木框罩：雲杉木

桌板：雲杉木拼接板　厚度30×700見方
（表面塗上聚氨酯透明塗料）

轉角採用半徑3mm的圓滑度

桌板：雲杉木拼接板

桌子部分的剖面圖（S＝1：30）

在連接處留下
3mm的縫隙

剖面詳細圖（S＝1：20）

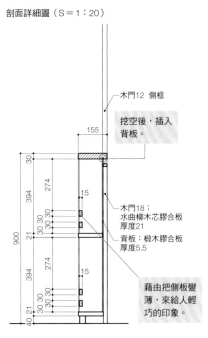

木門12 側框

挖空後，插入背板。

155

30
394
274
15
900
30 30
21
30 30

木門18：
水曲柳木芯膠合板
厚度21

背板：椴木膠合板
厚度5.5

394
274
15
30 30
30 30

藉由把側板變薄，來給人輕巧的印象。

40 21

設置在柱子之間的書架。有效地將腰壁部分當成收納空間來運用。
另外，由於此建築為木造的3層樓建築，所以柱子採用了防火被覆材。

3-4 家具／收納空間 空調遮罩

將空調遮起來的例子。如果空調很顯眼的話，可能會破壞室內裝潢，所以最好盡可能地隱藏起來。

收納空間相連部位的剖面詳細圖（S＝1：20）

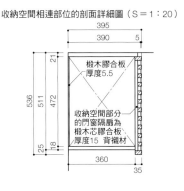

395
390 5
21
536
511
472
25 18

椴木膠合板
厚度5.5

收納空間部分的門窗隔扇為椴木芯膠合板厚度15 背襯材

360
35

遮罩中央部位的剖面詳細圖（S＝1：20）

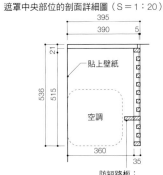

395
390 5
21
536
515

貼上壁紙

空調

360
35

防短路板：
在會干擾空調的3個切面上使用氣密墊

平剖面詳細圖（S＝1：20）

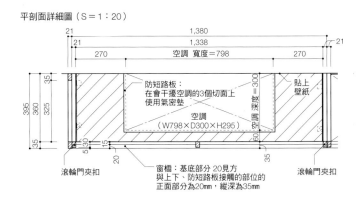

1,380
1,338
270 空調 寬度＝798 270
21 21

21
395
360
325
35
35

防短路板：
在會干擾空調的3個切面上使用氣密墊

空調
（W798×D300×H295）

空調 深度＝300

貼上壁紙

5 30
15
20
60
35

滾輪門夾扣

窗櫺：基底部分 20見方
與上下、防短路板接觸的部位的
正面部分為20mm，縱深為35mm

滾輪門夾扣

在廚房的牆面上裝設櫃子，並裝上壓克力門。由於用途為陳列收藏品，所以設置透明門既能提昇展示效果，還能防塵。

正視圖（S＝1：15）

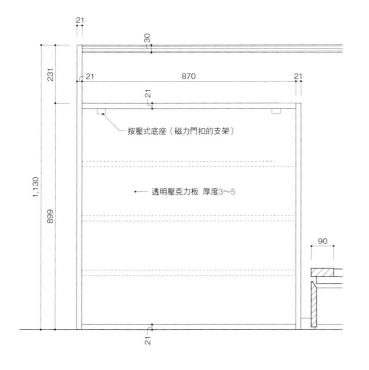

21
30
231
21　870　21
21
按壓式底座（磁力門扣的支架）
透明壓克力板　厚度3～5
1,130
899
90
21

剖面圖（S＝1：15）

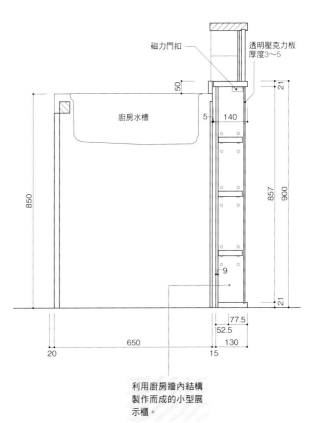

磁力門扣
透明壓克力板
厚度3～5
50
廚房水槽
5　140
21
850
857
900
9
77.5
52.5
650　130
20　15

利用廚房牆內結構
製作而成的小型展
示櫃。

在小住宅內利用壁龕空間來設置沙發的例子。由於沒有剛好符合空間尺寸的市售成品，所以沙發是由木匠製作而成。在沙發下部設置了抽屜。

沙發正視圖、剖面圖（S＝1：20）

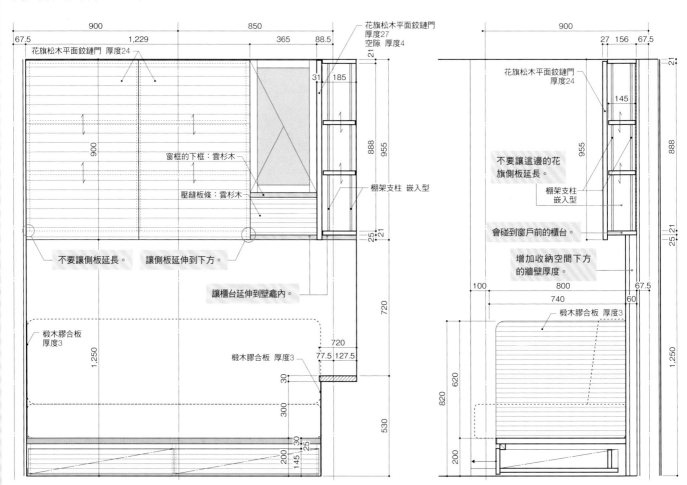

花旗松木平面鉸鏈門
厚度27
空隙 厚度4

花旗松木平面鉸鏈門 厚度24

窗框的下框：雲杉木

壓縫板條：雲杉木

棚架支柱 嵌入型

不要讓側板延長。

讓側板延伸到下方。

讓櫃台延伸到壁龕內。

椴木膠合板
厚度3

椴木膠合板 厚度3

花旗松木平面鉸鏈門
厚度24

不要讓這邊的花旗側板延長。

棚架支柱
嵌入型

會碰到窗戶前的櫃台。

增加收納空間下方的牆壁厚度。

椴木膠合板 厚度3

由木匠製作的能夠拆卸收納的和室桌。桌板採用落葉松木板。

桌板（S＝1：10）

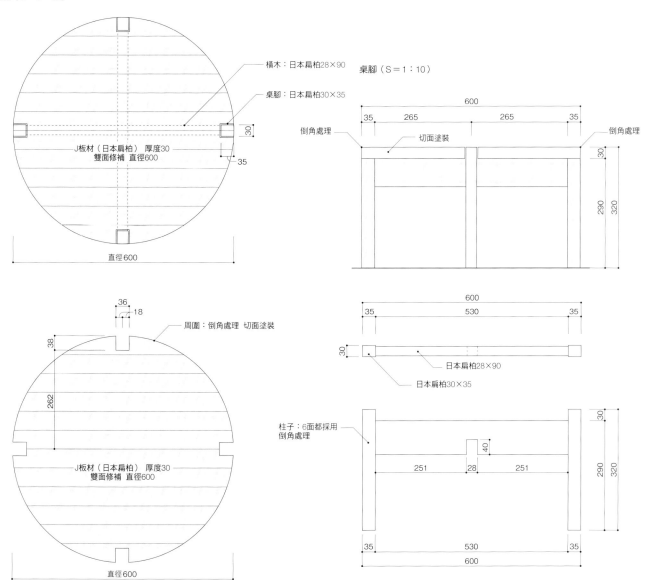

横木：日本扁柏28×90

桌腳：日本扁柏30×35

30

35

J板材（日本扁柏）厚度30
雙面修補 直徑600

直徑600

桌腳（S＝1：10）

600

35　265　265　35

倒角處理　切面塗裝　倒角處理

30

290　320

36
18

38

262

周圍：倒角處理 切面塗裝

J板材（日本扁柏）厚度30
雙面修補 直徑600

直徑600

600

35　530　35

30

日本扁柏28×90

日本扁柏30×35

柱子：6面都採用
倒角處理

30
40

251　28　251

290　320

35　530　35

600

049

由木匠來製作在北歐設計家具等家具當中會見到的套疊桌。使用J板材來製作。

剖面圖（S＝1：10）

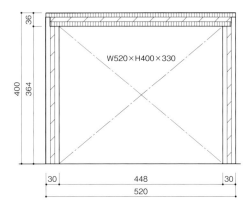
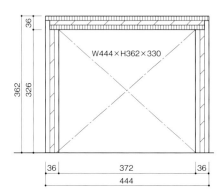
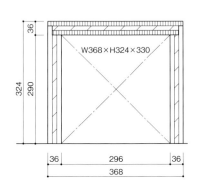

W520×H400×330

W444×H362×330

W368×H324×330

平面圖（S＝1：10）

立體正投影圖

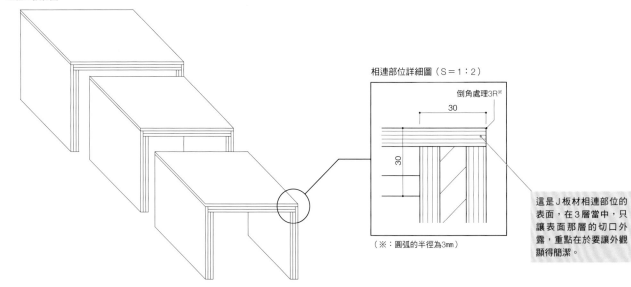

相連部位詳細圖（S＝1：2）

倒角處理3R※

30

30

（※：圓弧的半徑為3mm）

這是J板材相連部位的表面，在3層當中，只讓表面那層的切口外露，重點在於要讓外觀顯得簡潔。

使用J板材來當作桌板的餐桌。由於J板材具備足夠的剛性，所以即使沒有側板也足以製成餐桌。

桌腳安裝部位的詳細圖（S＝1：2）

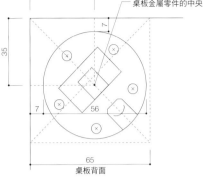

桌板金屬零件的中央

桌板背面

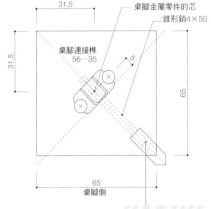

桌腳金屬零件的芯
錐形銷4×50
桌腳連接榫
56－35

桌腳側

藉由使用桌腳連接榫，在製作有腳家具時，就會變得比較簡單。

平面圖（S＝1：20）

桌板：
杉木、日本扁柏，或是落葉松木製成的J板材
厚度36×1,800×900

剖面圖（S＝1：20）

連接部位的詳細圖（S＝1：10）

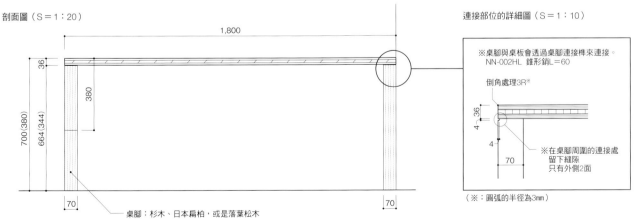

桌腳：杉木、日本扁柏，或是落葉松木

※桌腳與桌板會透過桌腳連接榫來連接。
NN-002HL 錐形銷L＝60

倒角處理3R※

※在桌腳周圍的連接處留下縫隙
只有外側2面

（※：圓弧的半徑為3mm）

用 J 板材製作而成的矮桌。不僅能確保剛性，在設計方面，也裝上了側板（外框）。

剖面圖（S＝1：20）

桌腳金屬零件：桌腳連接榫（TAKATOKU公司）

桌腳：闊葉木 70×70×300

參考用剖面圖（S＝1：20）

1,850

外框：闊葉木 45×50×1,710

桌腳金屬零件：桌腳連接榫（TAKATOKU公司）

700

桌腳：闊葉木 70×70×300

70

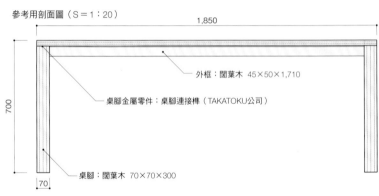

相連部位的詳細圖（S＝1：2）

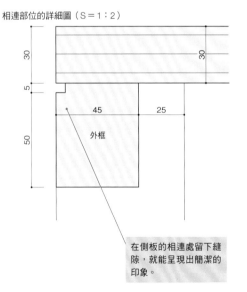

30 / 30 / 5 / 45 / 25 / 50

外框

在側板的相連處留下縫隙，就能呈現出簡潔的印象。

桌板Z（S＝1：20）

外框：闊葉木 45×55×780

桌板：闊葉木

1,850

45 / 920

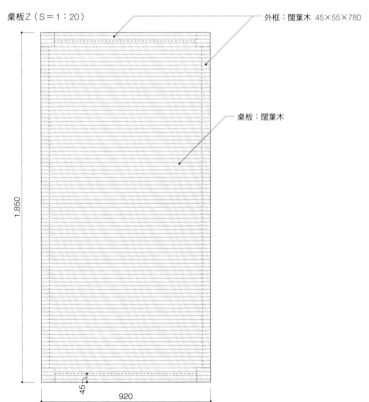

在面向餐桌的牆面上設置長椅。長椅的椅面能夠掀起，內部可作為收納空間。在設計上，也確實地裝設了椅背，即使長時間坐著也不會覺得累。

由於椅面採用純水曲柳木製成，所以要分割成3個部分，使椅面得以容易開關。

平面圖（S＝1：30）

800　　900　　900

111 111

111（與橫木條板材之間的距離）　橫木條

52.5 15　811　　811　　811　99.5

2,433

2,600

剖面圖（S＝1：10）

27

678

裝設椅背時，重點在於要讓椅背稍微帶有斜度。

椅背
厚度25

50
40　10

300

400
25 35　340
21　300　掀蓋式椅面 19 1
5
50 15

滑動式鉸鏈

40
15 25

橫木條

60

把手

48×70

緩降撐桿

390

380
340

椴木芯膠合板
厚度21

正視圖（S＝1：30）

扶手：材質尚未決定

椅背　椅背支撐材
45×90

2,200

60R

300
180 120

與電視櫃相連的矮櫃。由於矮櫃的高度剛好可以當成長凳，所以在設計上會採用能讓人坐下的強度。長凳的內部是抽屜收納櫃。

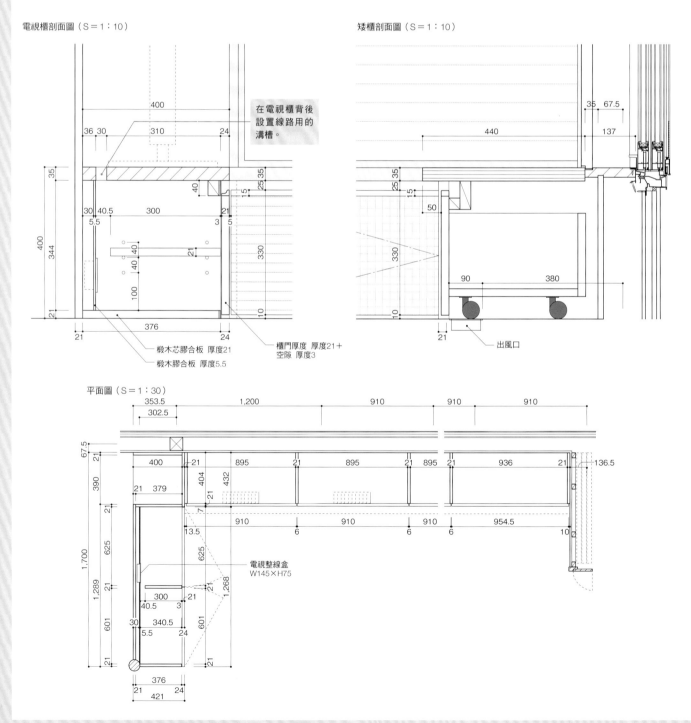

電視櫃剖面圖（S＝1：10）

在電視櫃背後設置線路用的溝槽。

椴木芯膠合板 厚度21
椴木膠合板 厚度5.5
櫃門厚度 厚度21＋空隙 厚度3

矮櫃剖面圖（S＝1：10）

出風口

平面圖（S＝1：30）

電視整線盒 W145×H75

左上／完全拉出來時的地板抽屜櫃。
右上／另一個地板抽屜櫃。
左下、右下／將地板抽屜櫃拉出來後，只要左右滑動就能拆卸，所以即使空間不足以將抽屜櫃拉出來，還是能取出物品。

剖面詳細圖（S＝1：5）

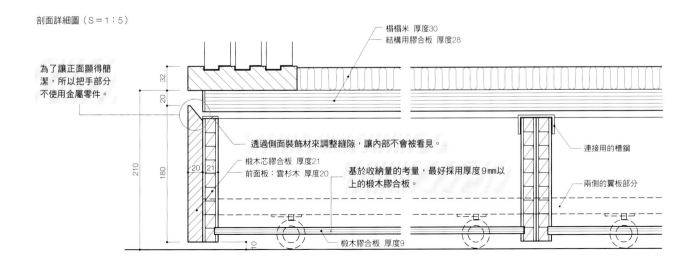

為了讓正面顯得簡潔，所以把手部分不使用金屬零件。

榻榻米 厚度30
結構用膠合板 厚度28

透過側面裝飾材來調整縫隙，讓內部不會被看見。

樺木芯膠合板 厚度21
前面板：雲杉木 厚度20

基於收納量的考量，最好採用厚度9mm以上的樺木膠合板。

連接用的槽鋼

兩側的翼板部分

樺木膠合板 厚度9

打造美觀木造家具的秘訣

基本的箱型骨架（S＝1：25）

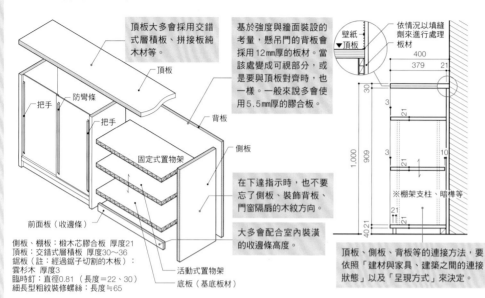

頂板大多會採用交錯式層積板、拼接板純木材等。

頂板

防彎條

把手

把手

固定式置物架

背板

側板

前面板（收邊條）

活動式置物架

底板（基底板材）

側板、棚板：椴木芯膠合板 厚度21
頂板：交錯式層積板 厚度30～36
鋸板（註：經過鋸子切割的木板）：
雲杉木 厚度3
臨時釘：直徑0.81（長度＝22、30）
細長型粗紋裝修螺絲：長度≒65

基於強度與牆面裝設的考量，懸吊門的背板會採用12mm厚的板材。當該處變成可視部分，或是要與頂板對齊時，也一樣。一般來說多會使用5.5mm厚的膠合板。

在下達指示時，也不要忘了側板、裝飾背板、門窗隔扇的木紋方向。

大多會配合室內裝潢的收邊條高度。

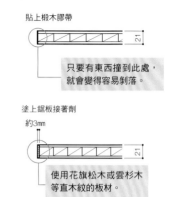

壁紙
▼頂板

依情況以填縫劑來進行處理
板材

400
379　21
30
3
1,000　909　21
3
10
40 21

※棚架支柱、暗榫等

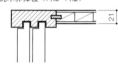

21
21

頂板、側板、背板等的連接方法，要依照「建材與家具、建築之間的連接狀態」以及「呈現方式」來決定。

板材邊緣（S＝1：6）

貼上椴木膠帶

21

只要有東西撞到此處，就會變得容易剝落。

塗上鋸板接著劑

約3mm

21

使用花旗松木或雲杉木等直木紋的板材。

純木卯榫板（門楣、門檻）

21

箱型骨架的相連部位

餅乾型連接榫

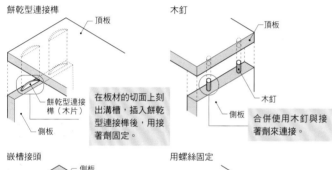

頂板

餅乾型連接榫（木片）

側板

在板材的切面上刻出溝槽，插入餅乾型連接榫後，用接著劑固定。

木釘

頂板

木釘

側板

合併使用木釘與接著劑來連接。

嵌槽接頭

側板

棚板

刻出溝槽5mm左右

挖出溝槽後，嵌進棚板等物。

用螺絲固定

5.5

背板：椴木膠合板

在若隱若現的背板等部分，只要透過螺絲來固定即可。

頂板的連接

餅乾型連接榫

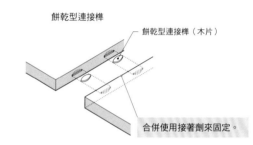

餅乾型連接榫（木片）

合併使用接著劑來固定。

透過木栓來呈現設計感

嵌入孔
螺絲
木楔

將木螺絲釘進嵌入孔中，然後再填入木栓。不想讓木栓變得顯眼時，可以使用與板材相同的材料來製作。若想要讓木栓成為特色時，則可以使用濃淡有所差異的木材來製作。

不使用螺絲來固定的設計

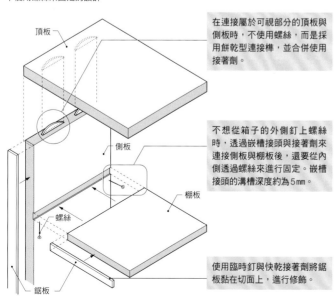

頂板

側板

棚板

螺絲

鋸板

在連接屬於可視部分的頂板與側板時，不使用螺絲，而是採用餅乾型連接榫，並合併使用接著劑。

不想從箱子的外側釘上螺絲時，透過嵌槽接頭與接著劑來連接側板與棚板後，還要從內側透過螺絲來進行固定。嵌槽接頭的溝槽深度約為5mm。

使用臨時釘與快乾接著劑將鋸板黏在切面上，進行修飾。

是否看得到背板

能夠看到背板

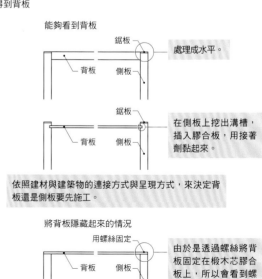

鋸板

背板
側板

處理成水平。

鋸板

背板
側板

在側板上挖出溝槽，插入膠合板，用接著劑黏起來。

依照建材與建築物的連接方式與呈現方式，來決定背板還是側板要先施工。

將背板隱藏起來的情況

用螺絲固定

背板
側板

由於是透過螺絲將背板固定在椴木芯膠合板上，所以會看到螺絲。

用水處

雖然用水處是市售成品的寶庫，但我們還是希望此
部分也盡量採用訂製的。基本上，只要將箱型構造
與一部分市售成品組合起來就能完成，所以值得試
著挑戰看看。在浴室部分，基於維修和保養的考
量，很難採用磁磚浴室。只有下部採用以FRP防水
工法來製作的一體成型半套式浴室※，牆壁與天花
板的裝潢則要多花一點心思，以確保設計感。

（※：與整體浴室相比，只由高度比浴缸低的設備所組成，不包含牆壁、天花板）

剖面圖（S＝1：15）

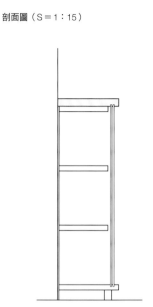

利用廁所的側面空間來設置洗手台與收納櫃的例子。
抽屜式收納櫃裡面可以放入衛生紙等物。

平面圖（S＝1：15）

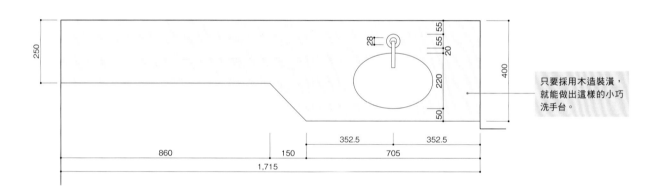

只要採用木造裝潢，
就能做出這樣的小巧
洗手台。

正視圖（S＝1：15）

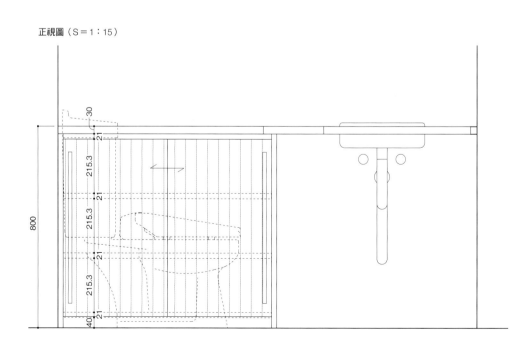

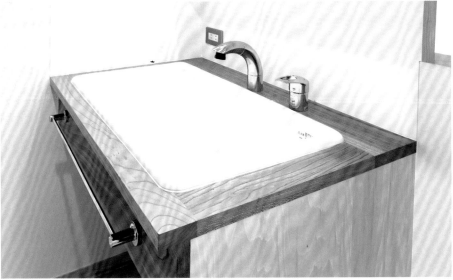

木造裝潢的洗手台。洗臉盆採用的是被稱為「醫院專用水槽」的大型款式。用起來很方便。

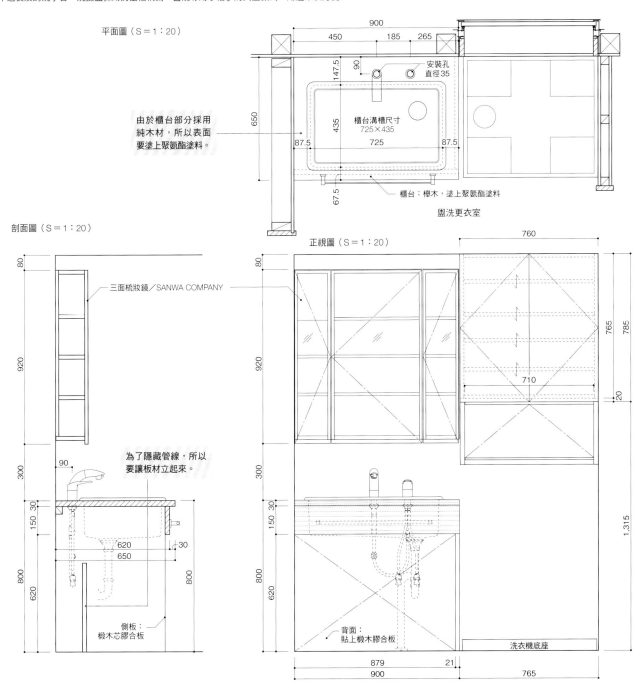

平面圖（S＝1：20）

由於櫃台部分採用
純木材，所以表面
要塗上聚氨酯塗料。

900
450　185　265
90
147.5
安裝孔
直徑35
650
435
櫃台溝槽尺寸
725×435
87.5　725　87.5
67.5

櫃台：櫸木，塗上聚氨酯塗料

盥洗更衣室

剖面圖（S＝1：20）

80
三面梳妝鏡／SANWA COMPANY
920

為了隱藏管線，所以
要讓板材立起來。

90
300
150 30
620
650
30
800
620

側板：
椴木芯膠合板

正視圖（S＝1：20）

760
80
765
785
920
710
20
1,315
300
150 30
800
620

背面：
貼上椴木膠合板

洗衣機底座

879　21
900　765

4-③ 用水處 廁所×吊櫃

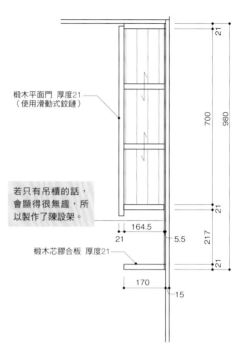

椴木平面門 厚度21
（使用滑動式鉸鏈）

若只有吊櫃的話，
會顯得很無趣，所
以製作了陳設架。

椴木芯膠合板 厚度21

21
700
980
164.5
21
5.5
217
21
21
170
15

裝設在廁所內的吊櫃。只要將手繞到鉸鏈門的內側，就能將門打開。

4-④ 用水處 廁所×馬桶後方的收納櫃

設置在廁所後方的收納櫃。確保了一個不會與馬桶產生碰撞的收納空間。
右側的細長處可以擺放浴室刷子等物。

剖面詳細圖（S＝1：20）

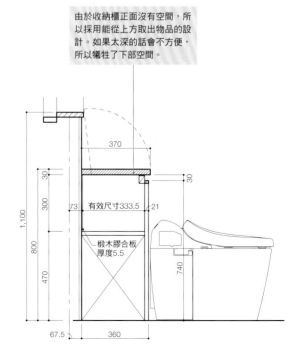

由於收納櫃正面沒有空間，所
以採用能從上方取出物品的設
計。如果太深的話會不方便，
所以犧牲了下部空間。

370
30
30
300
73
有效尺寸333.5
21
1,100
800
椴木膠合板
厚度5.5
470
740
67.5
360

小型的一字型廚房

寬度1,950mm的小型廚房。由於市售成品的種類較少，所以要交由木匠來製作。只有不鏽鋼檯面外包給金屬零件加工業者。

水槽、日式餐具櫃剖面圖（Ｓ＝1：20）

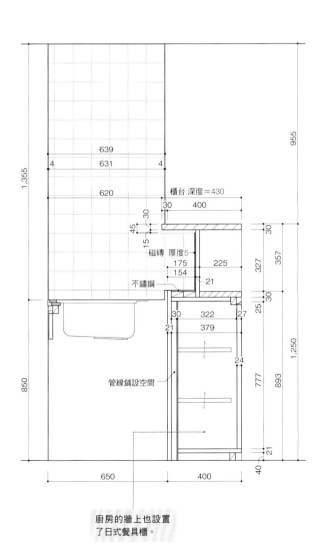

磁磚 厚度5

不鏽鋼

管線鋪設空間

廚房的牆上也設置
了日式餐具櫃。

IH調理爐的剖面圖（Ｓ＝1：20）

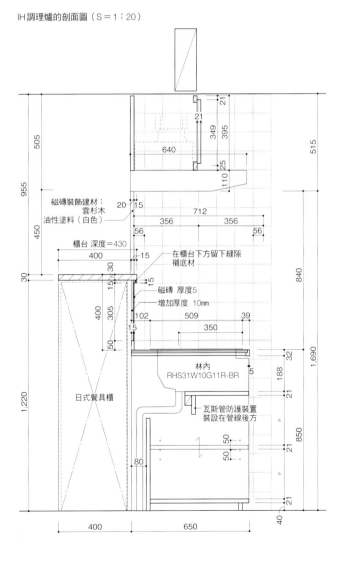

磁磚裝飾建材：
雲杉木
油性塗料（白色）

櫃台 深度＝430

在櫃台下方留下縫隙
襯底材

磁磚 厚度5
增加厚度 10mm

日式餐具櫃

林內
RHS31W10G11R-BR

瓦斯管防護裝置
裝設在管線後方

1,990×2,020mm的小型L型廚房。由於在市售成品中,這種尺寸的產品也很少見,所以交由木匠來製作。由於抽油煙機、吊櫃都集中在瓦斯爐側,
所以客廳側的廚房上方是開放式的。

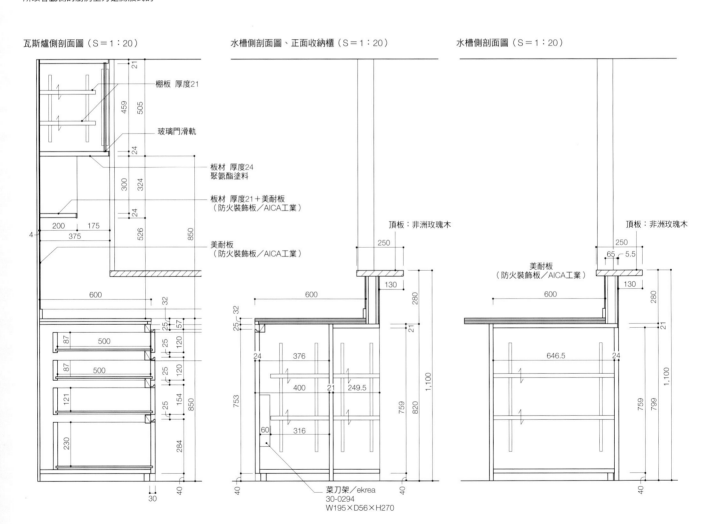

瓦斯爐側剖面圖（S＝1：20）　　　水槽側剖面圖、正面收納櫃（S＝1：20）　　　水槽側剖面圖（S＝1：20）

棚板 厚度21

玻璃門滑軌

板材 厚度24
聚氨酯塗料

板材 厚度21＋美耐板
（防火裝飾板／AICA工業）

美耐板
（防火裝飾板／AICA工業）

頂板：非洲玫瑰木

頂板：非洲玫瑰木

美耐板
（防火裝飾板／AICA工業）

菜刀架／ekrea
30-0294
W195×D56×H270

沿著牆壁來配置的U型廚房。能夠確保充足的收納空間、工作空間、擺放烹調器具的空間等。

剖面圖（S＝1：20）

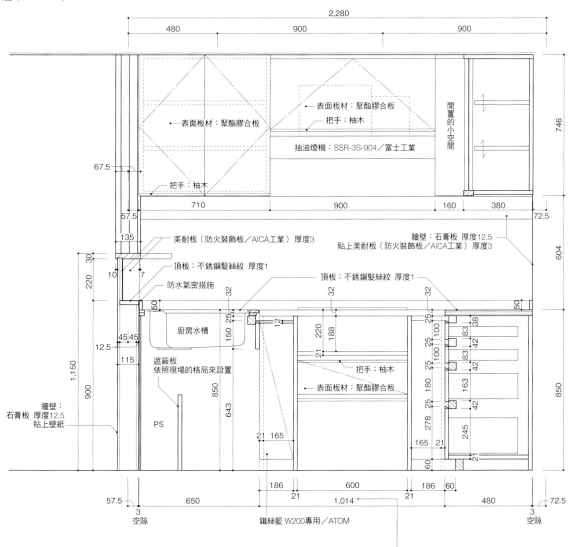

2,280

480　900　900

表面板材：聚酯膠合板
把手：柚木

表面板材：聚酯膠合板
把手：柚木

抽油煙機：SSR-3S-904／富士工業

閒置的小空間

746

67.5

把手：柚木

710　900　160　380

57.5　72.5

135

美耐板（防火裝飾板／AICA工業）厚度3

牆壁：石膏板 厚度12.5
貼上美耐板（防火裝飾板／AICA工業）厚度3

604

30

頂板：不銹鋼髮絲紋 厚度1

頂板：不銹鋼髮絲紋 厚度1

220

10　7　防水氣密措施

32　32　32

50　50

廚房水槽

12　25

220　188

25　100　38

83

45　45　150　25

21　25　100

83　42

12.5

115

遮蔽板
依照現場的格局來設置

850

把手：柚木

25　180

163　42

1,150

900

643

表面板材：聚酯膠合板

25　180

278　245

850

牆壁：
石膏板 厚度12.5
貼上壁紙

PS

21　165

165　21　21

60

186　600　186　60

57.5　650

21　1,014　21　480　72.5

3　空隙

鐵絲籃 W200專用／ATOM

3　空隙

為了能讓兩個人一起做菜，所以要確保寬度超過1,000mm的作業空間。

063

依照屋主要求製作成開放式廚房的例子。在開放式廚房中，確保抽油煙機排煙管的設置空間十分重要。

設置宛如能與開放式廚房組成一套的廚房收納櫃，來彌補不足的收納功能。

水槽部分的剖面圖（S＝1：20）

頂板：不銹鋼髮絲紋 厚度1

廚房水槽：
GB-FS水槽（有使用阻尼材料）／SHIGERU工業

32
25
150
12

廚房

850

遮蔽板：
依現場格局
來設置

客廳

PS

650

抽屜部分的剖面圖（S＝1：20）

頂板：不銹鋼髮絲紋 厚度1

32
25
100
38
83
42
25
100
83
42
25
180
163
42
25
248
215

850

90
21

60
650

正視圖（S＝1：20）

牆壁：石膏板 厚度12.5
貼上美耐板（防火裝飾板／AICA工業）厚度3

IH調理爐：KZ-HSW33C／松下

廚房水槽：GB-FS水槽（有使用阻尼材料）／SHIGERU工業

水龍頭：TKHG31PB／TOTO

71.5
2,598
1,453.2
477
696.2

52.5
15
4

25
12
225
600

120
21
25

157 21

349
平底鍋
（直徑約260）

600

21
115
90

洗碗機：
NP-P60V1WS／National

600

洗碗機的加購項目：
抽屜 N-PC600S

600

858

786

643

32
25
150
100
100
180
25

818
850

32
25
12
100
25
25

32
25

279
21
237 248
90
21

600
910
910

4-9 用水處 廚房收納置物架

將水槽深處的閒置小空間當成收納空間的例子。可以放置清掃工具、經常使用的調味料、烹調器具等。

廚房剖面圖（S＝1：20）　　　　　　　　　　　　　廚房收納櫃的剖面圖（S＝1：20）

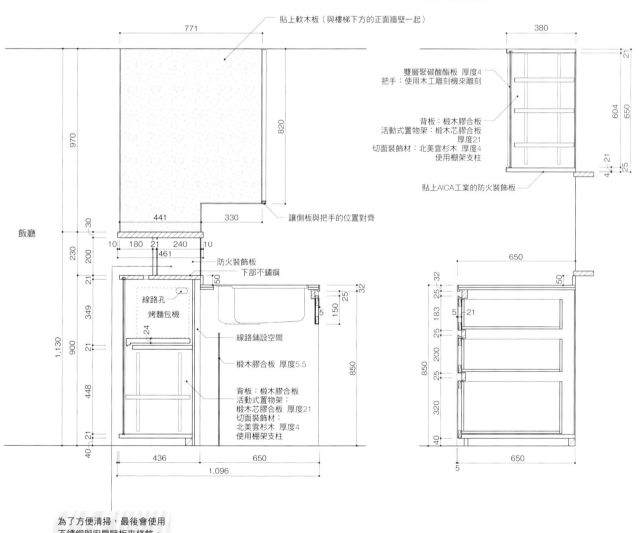

貼上軟木板（與樓梯下方的正面牆壁一起）

雙層聚碳酸酯板 厚度4
把手：使用木工雕刻機來雕刻

背板：椴木膠合板
活動式置物架：椴木芯膠合板
厚度21
切面裝飾材：北美雲杉木 厚度4
使用棚架支柱

貼上AICA工業的防火裝飾板

讓側板與把手的位置對齊

飯廳

防火裝飾板
下部不鏽鋼

線路孔
烤麵包機

線路鋪設空間

椴木膠合板 厚度5.5

背板：椴木膠合板
活動式置物架：
椴木芯膠合板 厚度21
切面裝飾材：
北美雲杉木 厚度4
使用棚架支柱

771　441　330　461　180　21　240　10　10
970　820　230　200　21　349　900　21　448　40　21　1,130
50　25　32　5　150　25　850
436　650　1,096

380　21　604　650　4　21　25
650
32　25　5　21　183　25　200　25　320　40　850　50
650　5

為了方便清掃，最後會使用
不鏽鋼與廚房壁板來修飾。

餐具櫃

與電視櫃合而為一的訂製餐具櫃。為了避免餐具櫃內的物品掉落，以及降低壓迫感，所以設置了經過氟化氫加工的聚碳酸酯板。

剖面圖（S＝1：30）

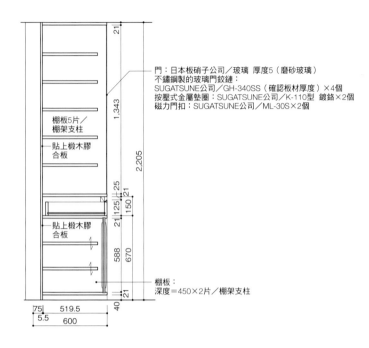

門：日本板硝子公司／玻璃 厚度5（磨砂玻璃）
不鏽鋼製的玻璃門鉸鏈：
SUGATSUNE公司／GH-340SS（確認板材厚度）×4個
按壓式金屬墊圈：SUGATSUNE公司／K-110型 鍍鉻×2個
磁力門扣：SUGATSUNE公司／ML-30S×2個

棚板5片／
棚架支柱

貼上椴木膠
合板

貼上椴木膠
合板

棚板：
深度＝450×2片／棚架支柱

正視圖（S＝1：30）

門：日本板硝子公司／玻璃 厚度5（磨砂玻璃）
不鏽鋼製的玻璃門鉸鏈：SUGATSUNE公司／GH-340SS（確認板材厚度）×4個
按壓式金屬墊圈：SUGATSUNE公司／K-110型 鍍鉻×2個
磁力門扣：SUGATSUNE公司／ML-30S×2個

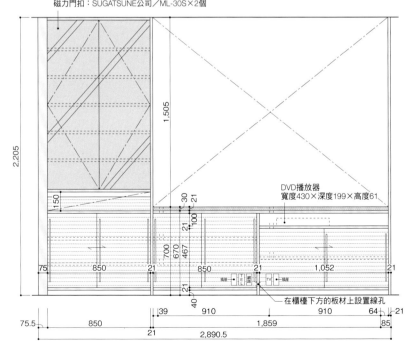

DVD播放器
寬度430×深度199×高度61

在櫃檯下方的板材上設置線孔

4-⑪ 用水處 在半套式浴室內貼上防濕膜

在天花板和牆壁的基底材上貼防濕膜的情況。防濕膜之間，以及防濕膜與換氣扇的接合部位等處，要確實貼緊，以免浴室內的水蒸氣外洩到骨架中。

4-⑫ 用水處 換氣扇基底盒

上／裝設在天花板基底材上的換氣扇基底盒。裝設這個盒子，換氣扇的施工就會變得很輕鬆。
左／裝設完成的換氣扇百葉。

基底盒使用的是裝潢天花板與牆壁時，所剩下的日本花柏與羅漢柏木板。

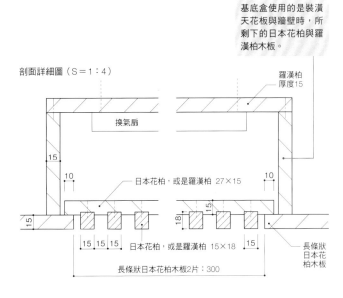

剖面詳細圖（S＝1：4）

羅漢柏 厚度15

換氣扇

15

10 日本花柏，或是羅漢柏 27×15 10

15 18 15

15 15 15 日本花柏，或是羅漢柏 15×18 15

長條狀日本花柏木板2片：300

長條狀日本花柏木板

設計圖：伊禮智設計室

4-⑬ 用水處 裝設在上面樓層的底座

裝設半套式浴室前的地板基底。利用了上面樓層專用的整體浴室底座。

剖面詳細圖（S＝1：20）

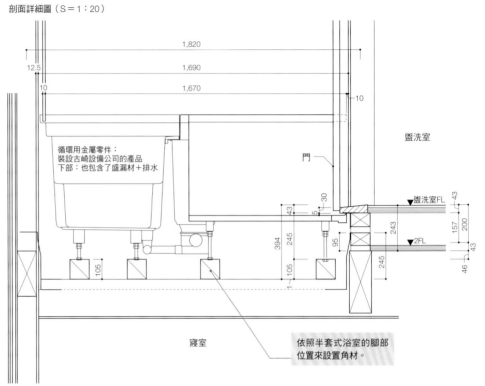

循環用金屬零件：
裝設古崎設備公司的產品
下部：也包含了盛漏材＋排水

盥洗室

門

盥洗室FL

▼2FL

寢室

依照半套式浴室的腳部位置來設置角材。

4-⑭ 用水處 膠合板上的管線規劃

半套式浴室正下方的管線模樣。雖然與磁磚浴室相比，半套式浴室特別不易漏水，不過為了以防萬一，還是應該徹底做好防漏措施。

盛漏盆是用不鏽鋼加工而成。右側的連接口會與排水管相連。

4-❶❺ 用水處　半套式浴室 × 木板牆的連接工法

在半套式浴室內，貼上長條狀日本花柏木板作為天花板與牆壁。

剖面詳細圖（S＝1：10）

柱子、橫梁：偏離中心15mm　⑮

52.5
105
37.5　67.5

連接處的詳細圖（S＝1：4）

日本花柏 厚度15
通風長條板 厚度18
防水石膏板 厚度15

防水氣密措施
防濕膜

7
5

底部橫木：
偏離中心7.5mm　7.5

在半套式浴室與木板牆
的連接處留下縫隙，塞
入密封劑。

4-❶❻ 用水處　木板天花板 × 牆壁的連接工法

上／在半套式浴室內，貼上長條狀日本花柏木板作為天花板與牆壁。天花
板先施工。
右／雖然採用相同裝潢方式，但此部分的牆壁要先施工。

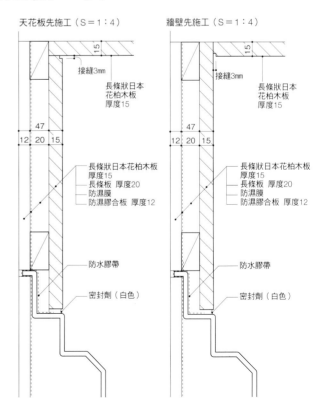

天花板先施工（S＝1：4）

15
接縫3mm
長條狀日本
花柏木板
厚度15

47
12　20　15

長條狀日本花柏木板
厚度15
長條板 厚度20
防濕膜
防濕膠合板 厚度12

防水膠帶

密封劑（白色）

牆壁先施工（S＝1：4）

15
接縫3mm
長條狀日本
花柏木板
厚度15

47
12　20　15

長條狀日本花柏木板
厚度15
長條板 厚度20
防濕膜
防濕膠合板 厚度12

防水膠帶

密封劑（白色）

4－17 用水處 出入口門檻的一般結構工法

在此例子中，使用一般木材來當作浴室大門的門檻。

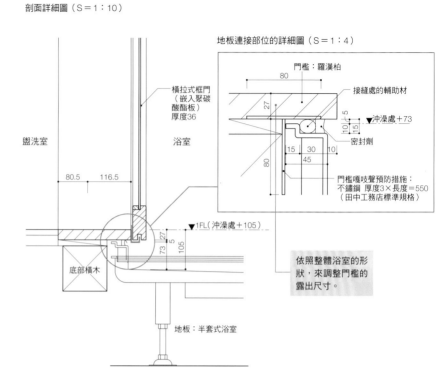

剖面詳細圖（S＝1：10）

盥洗室　　浴室

80.5　116.5

橫拉式框門
（嵌入聚碳
酸酯板）
厚度36

底部橫木

▼1FL（沖澡處＋105）

73　27
5
105

地板：半套式浴室

地板連接部位的詳細圖（S＝1：4）

門檻：羅漢柏

80

27

接縫處的輔助材

▼沖澡處＋73

10　5
15

密封劑

80

15　30　10
45

門檻嘎吱聲預防措施：
不鏽鋼 厚度3×長度＝550
（田中工務店標準規格）

依照整體浴室的形
狀，來調整門檻的
露出尺寸。

4－18 用水處 使用不鏽鋼來包覆出入口門檻

使用不鏽鋼來包覆浴室門檻的例子。

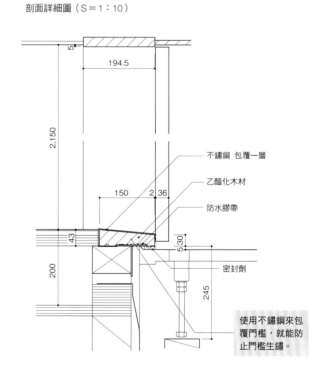

剖面詳細圖（S＝1：10）

5

194.5

2,150

150　2　36

43

200

不鏽鋼 包覆一層

乙醯化木材

防水膠帶

5　30

密封劑

245

使用不鏽鋼來包
覆門檻，就能防
止門檻生鏽。

外牆／外部結構

外牆以鍍鋁鋅鋼板與白沙牆為主。前者具備高耐久
度與鮮明的外觀，後者與其他灰泥牆相比，能夠呈
現出凹凸不平的質感。在停車位方面，基於顧客滿
意度的考量，最好製作有屋頂的車庫。考慮到與建
築物外觀之間的協調性，所以盡量不使用市售成
品，而是採用木質材料來製作。

採用濕式工法的砂漿基底板。先貼上縱向長條板再使用砂漿基底板的通風工法為佳。

由於將鍍鋁鋅鋼板貼成縱向時，會形成橫向的長條板，所以要使用有開孔的通風專用長條板。由於某些種類的外牆建材可能會導致通風量減少，所以要多留意。

外牆通風的結構工法（S＝1：8）

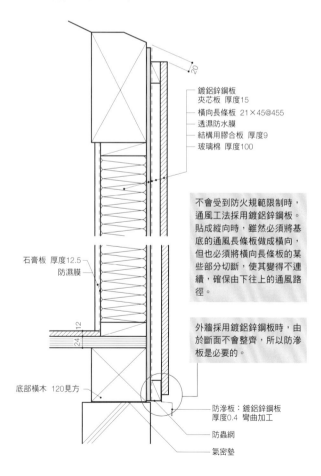

鍍鋁鋅鋼板
夾芯板 厚度15
橫向長條板 21×45@455
透濕防水膜
結構用膠合板 厚度9
玻璃棉 厚度100

石膏板 厚度12.5
防濕膜

底部橫木 120見方

防滲板：鍍鋁鋅鋼板
厚度0.4 彎曲加工

防蟲網

氣密墊

不會受到防火規範限制時，通風工法採用鍍鋁鋅鋼板。貼成縱向時，雖然必須將基底的通風長條板做成橫向，但也必須將橫向長條板的某些部分切斷，使其變得不連續，確保由下往上的通風路徑。

外牆採用鍍鋁鋅鋼板時，由於斷面不會整齊，所以防滲板是必要的。

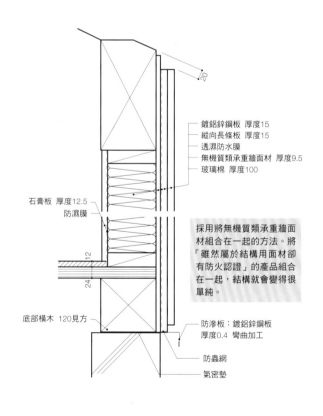

鍍鋁鋅鋼板 厚度15
縱向長條板 厚度15
透濕防水膜
無機質類承重牆面材 厚度9.5
玻璃棉 厚度100

石膏板 厚度12.5
防濕膜

底部橫木 120見方

防滲板：鍍鋁鋅鋼板
厚度0.4 彎曲加工

防蟲網

氣密墊

採用將無機質類承重牆面材組合在一起的方法。將「雖然屬於結構用面材卻有防火認證」的產品組合在一起，結構就會變得很單純。

5-2 外牆／外部結構　平鋪式鍍鋁鋅鋼板

剖面詳細圖（S＝1：5）

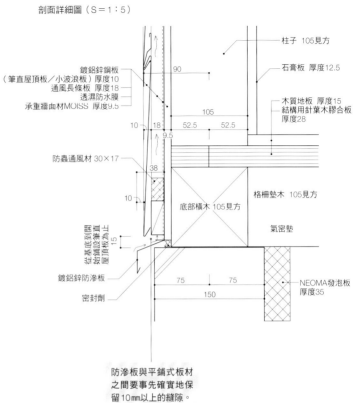

柱子 105見方
石膏板 厚度12.5
鍍鋁鋅鋼板
（筆直屋頂板／小波浪板）厚度10
通風長條板 厚度18
透濕防水膜
承重牆面材MOISS 厚度9.5
木質地板 厚度15
結構用針葉木膠合板 厚度28
防蟲通風材 30×17
格柵墊木 105見方
底部橫木 105見方
氣密墊
從基底到開始鋪設筆直屋頂板為止
鍍鋁鋅防滲板
NEOMA發泡板 厚度35
密封劑

防滲板與平鋪式板材
之間要事先確實地保
留10mm以上的縫隙。

想要呈現平坦的設計時，想要賦予建築物正面更多表情時，想要讓屋頂與鋪
設方式一致，使其看起來融為一體時，都可以採用此工法。
以手工方式在現場對金屬板進行加工後，金屬板的變形狀態也能呈現出很棒
的韻味。

5-3 外牆／外部結構　白沙牆

透過白沙牆（高千穗）這種工法，就能輕易呈現確實的質感，並營造出高級感。本公司也會使用伊禮智設計室經常使用的W-129。

使用裝飾材來修飾角波板外側轉角的例子。

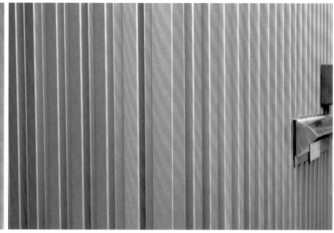

透過彎曲加工來修飾角波板外側轉角的例子。

剖面圖（S＝1：5）

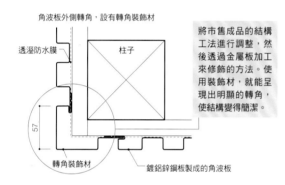

角波板外側轉角，設有轉角裝飾材

透溼防水膜

柱子

57

轉角裝飾材

鍍鋁鋅鋼板製成的角波板

將市售成品的結構工法進行調整，然後透過金屬板加工來修飾的方法。使用裝飾材，就能呈現出明顯的轉角，使結構變得簡潔。

剖面圖（S＝1：5）

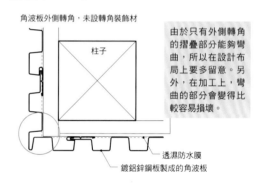

角波板外側轉角，未設轉角裝飾材

柱子

透濕防水膜

鍍鋁鋅鋼板製成的角波板

由於只有外側轉角的摺疊部分能夠彎曲，所以在設計布局上要多留意。另外，在加工上，彎曲的部分會變得比較容易損壞。

使用裝飾材來修飾小波浪板外側轉角的例子。

透過彎曲加工來修飾小波浪板外側轉角的例子。

剖面圖（S＝1：5）

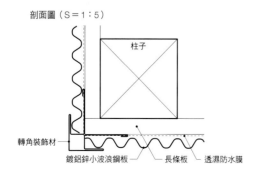

柱子

轉角裝飾材

鍍鋁鋅小波浪鋼板　　長條板　　透濕防水膜

剖面圖（S＝1：5）

柱子

鍍鋁鋅小波浪鋼板　　長條板　　透濕防水膜

由於只有小波浪板的山形部分能夠彎曲，所以在設計布局上要多留意。彎曲的部分會變得稍微容易損壞。

最好在地基的防滲板上部設置防蟲通風材。
也有聽說過，蝙蝠與蟲會進到外牆通風材裡面。

外牆、地基周圍的剖面圖（S＝1：3）

小波浪板
通風長條板
防水石膏板
結構用膠合板

10 18 12.5 9

防蟲通風材

10

通風

通風

52.5　67.5

30

37

75　75

150

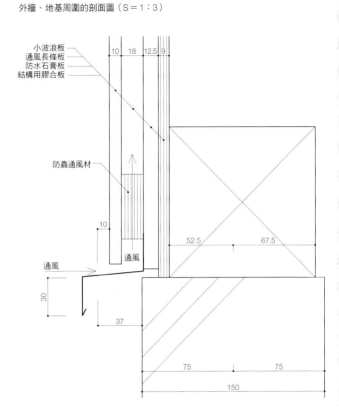

將白沙牆外側轉角做成圓角的例子。圓角給人柔和的印象，
而且與「加入了骨材的灰泥」或噴塗工法很搭。
由於沒有埋入灰泥尺，所以也不會看到那類器具。

將白沙牆外側轉角做成直角的例子。由於在施工時，會埋入FUKUVI公司的灰泥尺，
所以施工會很輕鬆，不過灰泥尺的前端會露出來。

5-7 外牆／外部結構　採用通風金屬網的灰泥牆＋無通風結構的規格

不需使用砂漿基底板就能直接固定在通風長條板上的金屬網。
能夠簡單又便宜地進行「濕式基底＋外牆通風」的施工。
另外，如果不將長條板的間距控制在300㎜以內的話，可能會彎曲，
所以要多加留意。

在過去的灰泥牆基底中，也有不採用外牆通風工法的情況。
由於在防水上的效果不理想，所以現在不採用。
當然，此工法不適用於長期優良住宅。

5-8 外牆／外部結構　白沙牆（砂漿）準防火結構

依照砂漿基底的準防火結構的規格，在基底上貼防水石膏板。

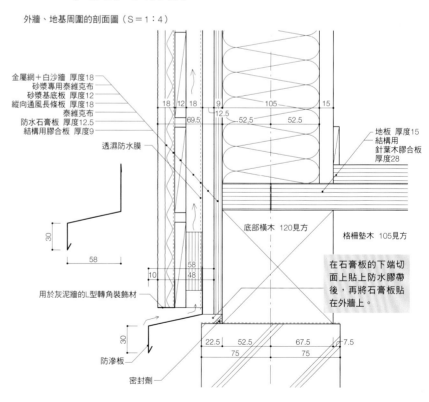

外牆、地基周圍的剖面圖（S＝1：4）

金屬網＋白沙牆　厚度18
砂漿專用泰維克布
砂漿基底板　厚度12
縱向通風長條板　厚度18
泰維克布
防水石膏板　厚度12.5
結構用膠合板　厚度9

透濕防水膜

18 12 18 9 105 15
69.5 12.5 52.5 52.5

地板　厚度15
結構用
針葉木膠合板
厚度28

底部橫木　120見方

格柵墊木　105見方

在石膏板的下端切
面上貼上防水膠帶
後，再將石膏板貼
在外牆上。

30
58

用於灰泥牆的L型轉角裝飾材

10
58
48

30

防滲板

密封劑

22.5 52.5 67.5 7.5
75 75

鍍鋁鋅鋼板製的防滲板

外牆、地基周圍的剖面圖（S＝1：4）

金屬網＋白沙牆
厚度16 ※1
長條板（通風層）厚度15
防水石膏板
厚度12.5
結構用膠合板 厚度9

※1 小波浪板的厚度為10

透濕防水膜

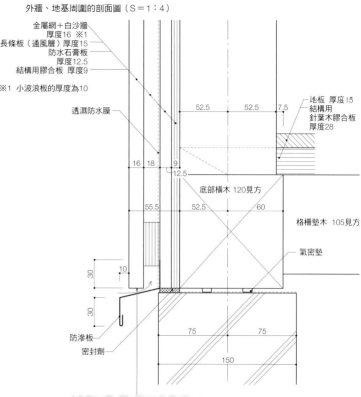

地板 厚度15
結構用
針葉木膠合板
厚度28

52.5　52.5　7.5

16　18　9
12.5

55.5　52.5　60

底部橫木 120見方

格柵墊木 105見方

氣密墊

30

10

30

75　75

150

防滲板

密封劑

放入木工尺，確保灰泥牆與防滲
板之間有10mm以上的通風空間。

在地基部分裝設鍍鋁鋅鋼板製防滲板的例子。
裝設在不會阻礙外牆通風的位置。

白沙牆＋木製裝飾建材

外牆裝飾建材部分的剖面圖（S＝1：3）

52.5　59

9　18　12　20

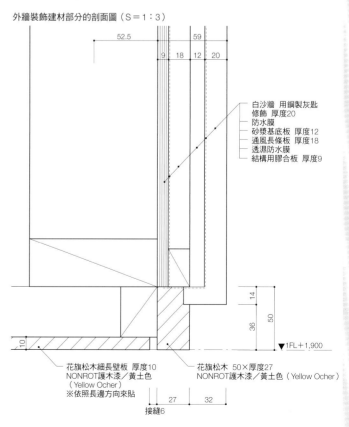

白沙牆 用鋼製灰匙
修飾 厚度20
防水膜
砂漿基底板 厚度12
通風長條板 厚度18
透濕防水膜
結構用膠合板 厚度9

14

50

36

▼1FL＋1,900

10

花旗松木細長壁板 厚度10
NONROT護木漆／黃土色
（Yellow Ocher）
※依照長邊方向來貼

花旗松木 50×厚度27
NONROT護木漆／黃土色（Yellow Ocher）

27　32

接縫6

藝術大學出身的設計者所採用的木製裝飾建材。由於此處不會經常淋到雨，所以
在施工完經過10年的實例中，也沒有看到腐爛、嚴重劣化的情況。
參考了伊禮智設計室的結構工法。

鍍鋁鋅鋼板製的屋簷天花板裝飾建材（防滲板型）

外牆裝飾建材部分的剖面圖（S＝1：3）

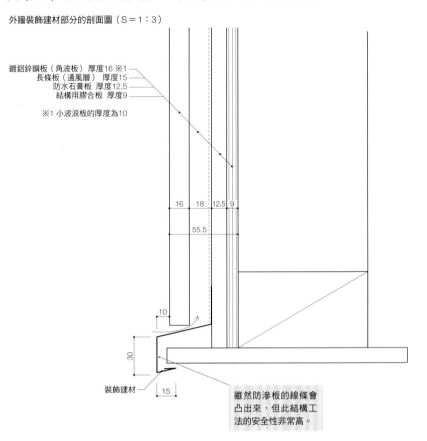

鍍鋁鋅鋼板（角波板） 厚度16 ※1
長條板（通風層） 厚度15
防水石膏板 厚度12.5
結構用膠合板 厚度9

※1 小波浪板的厚度為10

16　18　12.5　9

55.5

10

30

裝飾建材　15

雖然防滲板的線條會凸出來，但此結構工法的安全性非常高。

以防滲板來修飾鍍鋁鋅鋼板製的外牆與屋簷天花板的例子。
將其當成防滲板的前端，就能簡單地去除水分，也不會弄髒屋簷天花板。這種結構工法既簡單又實用。

鍍鋁鋅鋼板製的屋簷天花板裝飾建材

外牆裝飾建材部分的剖面圖（S＝1：4）

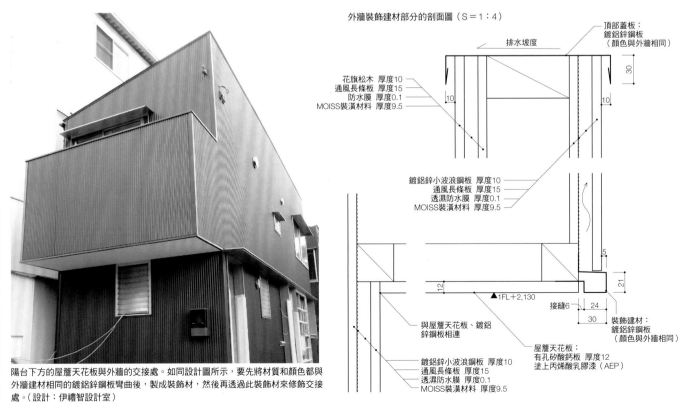

排水坡度

頂部蓋板：
鍍鋁鋅鋼板
（顏色與外牆相同）

30

花旗松木 厚度10
通風長條板 厚度15
防水膜 厚度0.1
MOISS裝潢材料 厚度9.5

10　　　　10

鍍鋁鋅小波浪鋼板 厚度10
通風長條板 厚度15
透濕防水膜 厚度0.1
MOISS裝潢材料 厚度9.5

5

12　▲1FL＋2,130　　21

接縫6　24

30

裝飾建材：
鍍鋁鋅鋼板
（顏色與外牆相同）

與屋簷天花板、鍍鋁鋅鋼板相連

屋簷天花板：
有孔矽酸鈣板 厚度12
塗上丙烯酸乳膠漆（AEP）

鍍鋁鋅小波浪鋼板 厚度10
通風長條板 厚度15
透濕防水膜 厚度0.1
MOISS裝潢材料 厚度9.5

陽台下方的屋簷天花板與外牆的交接處。如同設計圖所示，要先將材質和顏色都與外牆建材相同的鍍鋁鋅鋼板彎曲後，製成裝飾材，然後再透過此裝飾材來修飾交接處。（設計：伊禮智設計室）

5-⑬ 外牆／外部結構 小波浪板製的屋簷天花板裝飾建材

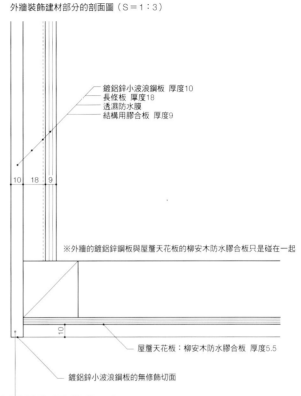

外牆裝飾建材部分的剖面圖（S＝1：3）

鍍鋁鋅小波浪鋼板 厚度10
長條板 厚度18
透濕防水膜
結構用膠合板 厚度9

10　18　9

※外牆的鍍鋁鋅鋼板與屋簷天花板的柳安木防水膠合板只是碰在一起

屋簷天花板：柳安木防水膠合板 厚度5.5

鍍鋁鋅小波浪鋼板的無修飾切面

為了將柳安木膠合板的切面
隱藏起來，所以要讓鍍鋁鋅
鋼板凸出約10mm。

在此例子中，把外牆的鍍鋁鋅鋼板切開後就不做其它處理，直接將其當成防滲板。
結構工法很簡單，而且也挺好看的。（設計：伊禮智設計室）

5-⑭ 外牆／外部結構 平鋪式屋簷天花板裝飾建材

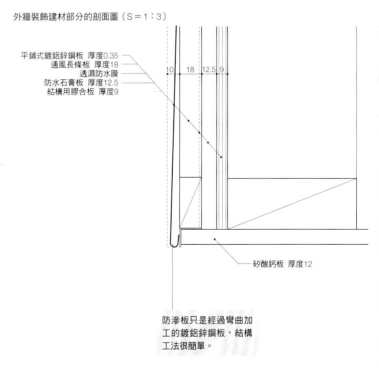

外牆裝飾建材部分的剖面圖（S＝1：3）

平鋪式鍍鋁鋅鋼板 厚度0.35
通風長條板 厚度18
透濕防水膜
防水石膏板 厚度12.5
結構用膠合板 厚度9

10　18　12.5　9

矽酸鈣板 厚度12

防滲板只是經過彎曲加
工的鍍鋁鋅鋼板，結構
工法很簡單。

在此例子中，會如同屋頂那樣，以平鋪式的方式來建造外牆，並將邊緣
部分進行彎曲處理，使其成為裝飾材。平鋪式外牆除了會成為設計上的
特色以外，也能使牆壁與屋頂融為一體，讓建築看起來有如一個塊狀
物。（設計：伊禮智設計室）

5-15 外牆╱外部結構 金屬製頂部蓋板

用來當作扶手牆頂部蓋板的金屬板。讓金屬板在相鄰的牆面上大幅地立起來，就能防止雨水流進牆壁的內側。

由於陽台扶手牆的左端部分是牆壁側面、門窗隔扇的外框、防滲板的交接處，所以此部分會成為防水上的弱點。（設計：伊禮智設計室）

5-16 外牆╱外部結構 在凹凸不平的外牆上裝設曬衣用金屬零件

由於無法直接將曬衣用金屬零件裝設在鍍鋁鋅鋼板外牆上，所以在外牆施工前，要先設置木質基底，並在基底上貼金屬板，讓人能夠確實地裝設曬衣用金屬零件。

曬衣用金屬零件裝設部位的剖面圖（S＝1：4）

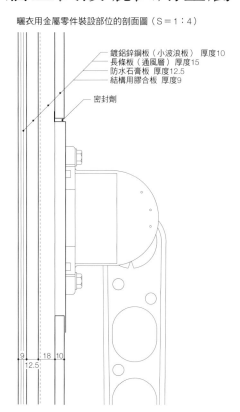

鍍鋁鋅鋼板（小波浪板） 厚度10
長條板（通風層） 厚度15
防水石膏板 厚度12.5
結構用膠合板 厚度9

密封劑

9 　18 　10
12.5

在這兩個住宅實例中，都是在「與窗框一體成型的現成防雨板（無鑲板的防雨板套外框）」上貼木材來當作鑲板，使其看起來有如木製防雨板的收納套外框。
先在防雨板套的上部與側面裝上金屬外框，然後再裝設鑲板。

開口部位周圍的平面圖（S＝1：10）　　　　　　　　　　　　　　　開口部位周圍的剖面圖（S＝1：10）

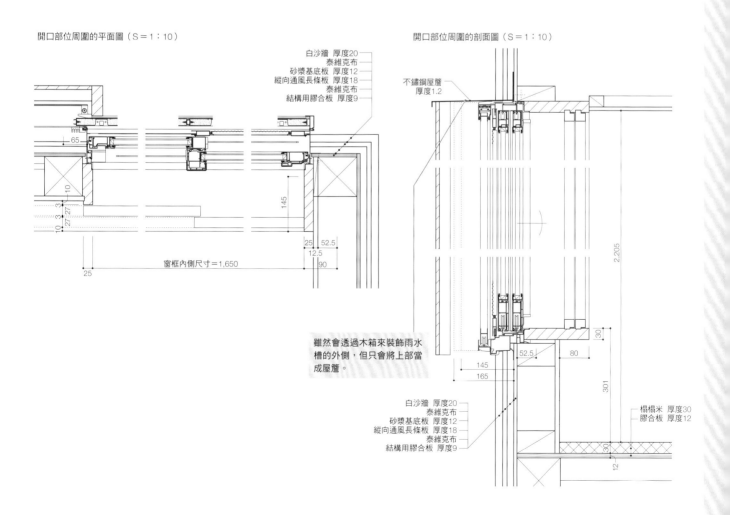

白沙牆 厚度20
泰維克布
砂漿基底板 厚度12
縱向通風長條板 厚度18
泰維克布
結構用膠合板 厚度9

不鏽鋼屋簷
厚度1.2

65

10

145

27　27

25　52.5
12.5
90

窗框內側尺寸＝1,650

25

2,205

雖然會透過木箱來裝飾雨水
槽的外側，但只會將上部當
成屋簷。

30

52.5　80

145
165

301

白沙牆 厚度20
泰維克布
砂漿基底板 厚度12
縱向通風長條板 厚度18
泰維克布
結構用膠合板 厚度9

榻榻米 厚度30
膠合板 厚度12

30

12

5-18 外牆／外部結構 花台

將花台設置在腰窗外側的例子。除了可當作陳設架與座位以外，也能成為外觀上的特色。

剖面圖（S＝1：10）

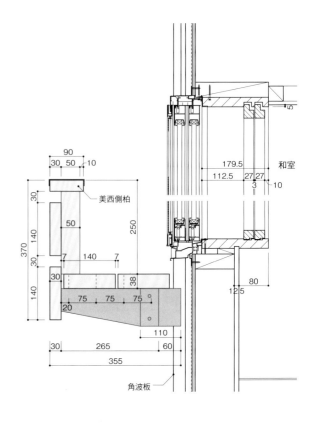

和室

角波板

正視圖（S＝1：10）

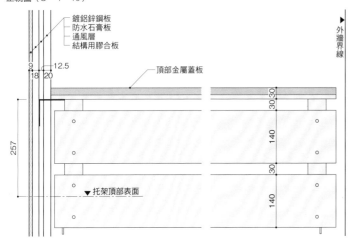

- 鍍鋁鋅鋼板
- 防水石膏板
- 通風層
- 結構用膠合板

外牆界線

頂部金屬蓋板

▼托架頂部表面

5-19 外牆／外部結構 窗戶的格子狀花架

剖面圖（S＝1：10）

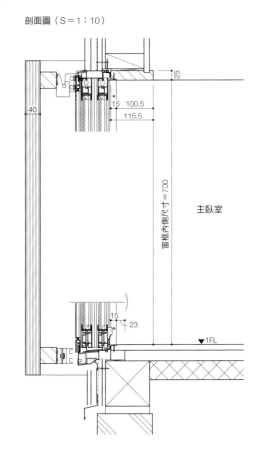

主臥室

窗框內側尺寸＝700

▼1FL

在地窗外側設置格子狀花架的例子。藉由縮短間距來呈現現代風格。由於此處經常會淋到雨，所以除了採用美西側柏等耐久度較高的材料，最好還要採取防止材質退化的措施，像是在切面等處塗上矽氧樹脂密封劑。

信箱部分的剖面圖（S＝1：8）

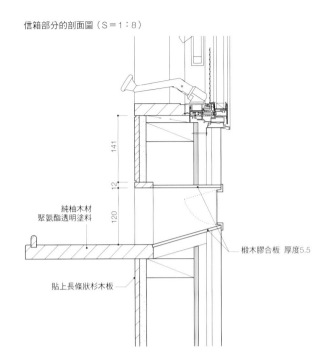

141

12

120

純柚木材
聚氨酯透明塗料

椴木膠合板　厚度5.5

貼上長條狀杉木板

先將鍍鋁鋅鋼板製成的角波板的一部分挖空，再將市售的信箱口嵌進該處。
內側則採用椴木膠合板。

信箱部分的剖面圖（S＝1：20）

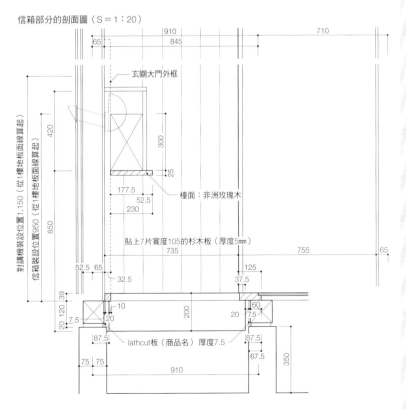

910
65　845　710

玄關大門外框

420

300

25

對講機裝設位置1,150（從1樓地板面線算起）
信箱裝設位置950（從1樓地板面線算起）

177.5

52.5

230

檯面：非洲玫瑰木

850

貼上7片寬度105的杉木板（厚度5mm）

735　755　65

52.5　65

32.5

125

37.5

20　120　39

10

200

60

7.5　20

20　7.5

87.5

lathcut板（商品名）厚度7.5

87.5

67.5

75　75

910

350

讓玄關的牆壁往前凸出，製作成信箱空間的例子。
從內側可以看到信箱口。

5-22 外牆／外部結構　利用現成信箱製作而成的多功能門柱

在此例子中，先將鋁製的現成信箱（IOS DESIGN）裝設在鋁製角材上，再將去背貼紙貼在信箱上當作姓氏門牌，最後再裝設對講機。
信箱下方裝設了照度感應器，地面上則裝設了照明設備，能照亮外部結構。

5-23 外牆／外部結構　用來防止自行車碰撞的板材

如果自行車等物猛烈撞上鍍鋁鋅鋼板外牆，就會造成外牆凹陷。為了避免這種情況發生，所以在牆壁的下側貼上了用來防止自行車碰撞的板材。用於沒有設置自行車停車位的情況。

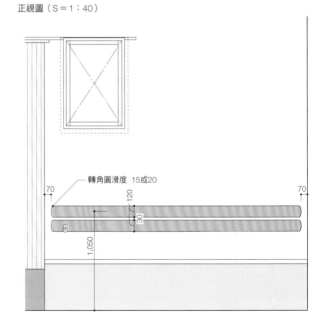

正視圖（S＝1：40）

轉角圓滑度　15或20

70　　120　　30　　1,050　　70

有設置木製格子拉門的室內車庫。由於光線會透過拉門照射進來，所以白天時車庫內會很明亮。

天窗採用聚碳酸酯板來製作。

剖面圖（S＝1：10）

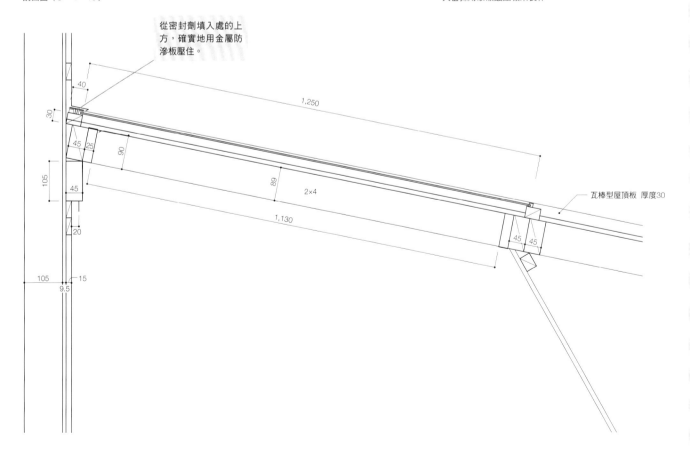

從密封劑填入處的上方，確實地用金屬防滲板壓住。

40

30

45　25

90

105

45

20

89

2×4

1,250

1,130

瓦棒型屋頂板　厚度30

45　45

105　　15

9.5

木製車庫與木製拉門

有設置木製格子拉門的室內車庫。由於光線會透過拉門照射進來,所以白天時車庫內會很明亮。

剖面圖(S=1:15)　　　　　　　　　　　　　　　木製拉門(S=1:60)

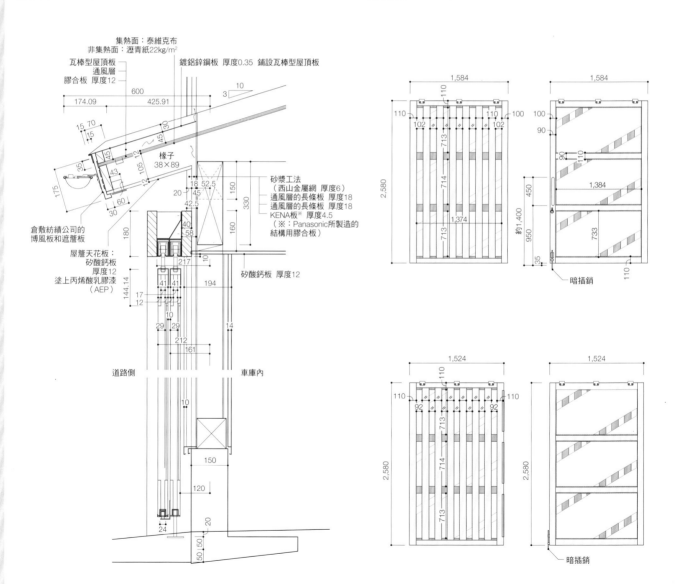

集熱面:泰維克布
非集熱面:瀝青紙22kg/m²

瓦棒型屋頂板
通風層
膠合板 厚度12

鍍鋁鋅鋼板 厚度0.35 鋪設瓦棒型屋頂板

椽子 38×89

砂漿工法
(西山金屬網 厚度6)
通風層的長條板 厚度18
通風層的長條板 厚度18
KENA板※ 厚度4.5
(※:Panasonic所製造的
結構用膠合板)

倉敷紡績公司的
博風板和遮簷板

屋簷天花板:
矽酸鈣板
厚度12
塗上丙烯酸酯乳膠漆
(AEP)

矽酸鈣板 厚度12

道路側　　　　　車庫內

暗插銷

暗插銷

木製車庫與採用防火結構的建築相連。由於車庫採用一般的木造結構，所以車庫與建築物之間不會互相影響。

屋頂部分的剖面詳細圖（S＝1：6）

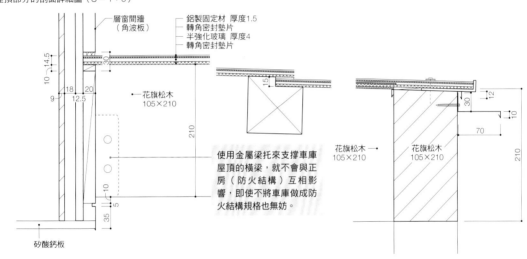

層窗間牆（角波板）
鋁製固定材 厚度1.5
轉角密封墊片
半強化玻璃 厚度4
轉角密封墊片

花旗松木 105×210

矽酸鈣板

花旗松木 105×210
花旗松木 105×210

使用金屬梁托來支撐車庫屋頂的橫梁，就不會與正房（防火結構）互相影響，即使不將車庫做成防火結構規格也無妨。

剖面圖（S＝1：40）

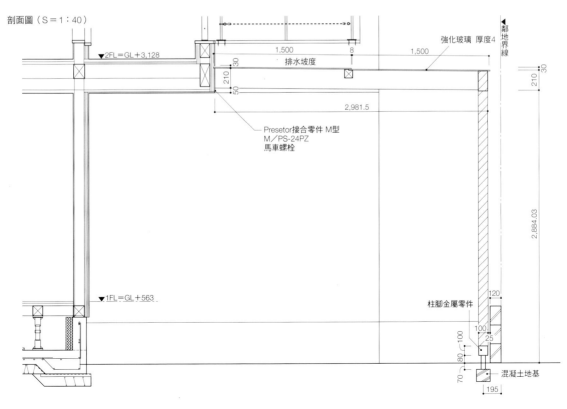

▼2FL＝GL＋3,128

1,500　8　1,500
排水坡度

2,981.5

強化玻璃 厚度4
鄰地界線

Presetor接合零件 M型
M／PS-24PZ
馬車螺栓

▼1FL＝GL＋563

2,884.03

柱腳金屬零件

混凝土地基

195

平面圖（S＝1：20）

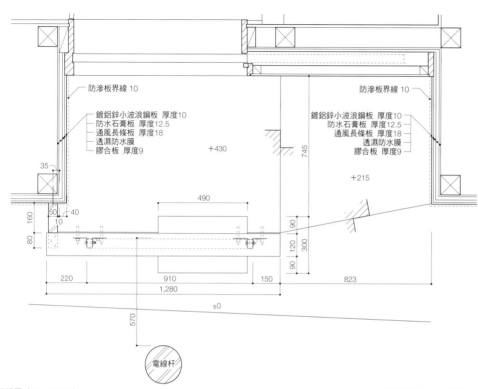

防滲板界線 10

鍍鋁鋅小波浪鋼板 厚度10
防水石膏板 厚度12.5
通風長條板 厚度18
透濕防水膜
膠合板 厚度9

+430

防滲板界線 10

鍍鋁鋅小波浪鋼板 厚度10
防水石膏板 厚度12.5
通風長條板 厚度18
透濕防水膜
膠合板 厚度9

+215

745

35

490

±0

570

電線杆

在此例子中，先將現成的信箱裝設在木板柵欄上，然後再將去背貼紙貼在信箱上做成姓名門牌。

正視圖（S＝1：20）

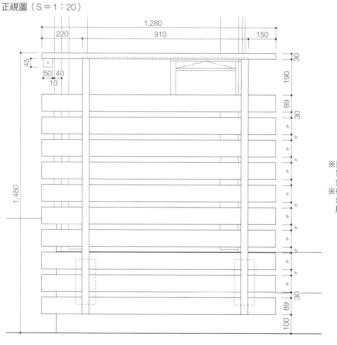

1,480

剖面圖（S＝1：20）

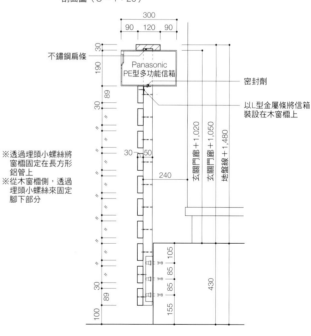

不鏽鋼扁條

Panasonic
PE型多功能信箱

密封劑

以L型金屬條將信箱裝設在木窗櫺上

※透過埋頭小螺絲將窗櫺固定在長方形鋁管上
※從木窗櫺側，透過埋頭小螺絲來固定腳下部分

玄關門廊＋1,020
玄關門廊＋1,050
地盤線＋1,480

240

430

木板柵欄詳細圖（S＝1：10）

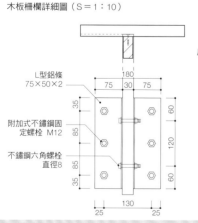

L型鋁條
75×50×2

附加式不鏽鋼固定螺栓 M12

不鏽鋼六角螺栓
直徑8

180
75 30 75

35
85
85
35

60
120
60

130
25 25

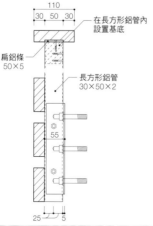

110
30 50 30

在長方形鋁管內設置基底

扁鋁條
50×5

長方形鋁管
30×50×2

55

25 5

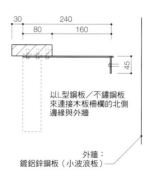

30 240
80 160

45

以L型鋼板／不鏽鋼板來連接木板柵欄的北側邊緣與外牆

外牆：
鍍鋁鋅鋼板（小波浪板）

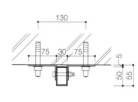

130
75 30 75

5

50
55

屋簷／屋頂

由於屋頂與屋簷會對外觀產生影響，所以要以簡約俐落的設計為重。基於遮陽等考量，事先在前端製作能掛上竹簾等物的開孔，應該也是不錯的選擇。另外，為了不讓屋頂的山形牆或屋簷邊緣變得粗獷，除了要仔細研究細節，同時也要留意外牆和屋頂通風的連貫性、防滲板的位置，以及雨水槽等物的形狀、配置、加工方式等。

在木板屋簷上貼金屬板。
板簷會裝設在外牆基底的長條板或柱子等處。

剖面圖（S＝1：10）

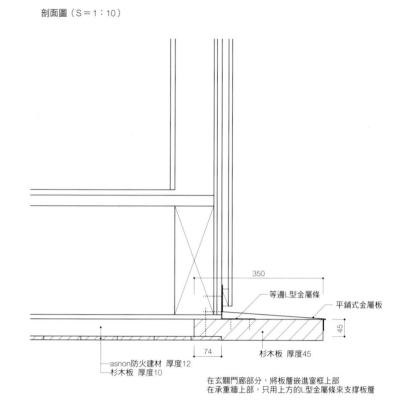

350

等邊L型金屬條

平鋪式金屬板

45

74

杉木板 厚度45

asnon防火建材 厚度12
杉木板 厚度10

在玄關門廊部分，將板簷嵌進窗框上部
在承重牆上部，只用上方的L型金屬條來支撐板簷

在此例子中，將1.2mm厚的不鏽鋼板進行彎曲加工後，製成屋簷。如果
屋簷的凸出長度沒有限制的話，光是這樣就足以單獨使用。前端有設置
開孔，也能掛上竹簾。

立體正投影圖（S＝1：6）

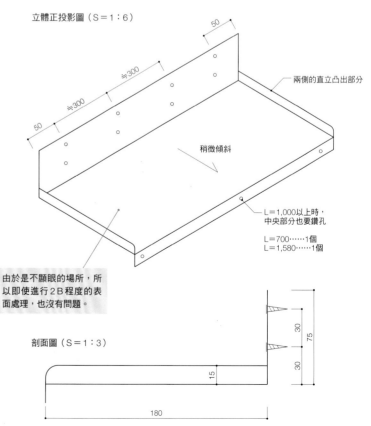

50

≒300

≒300

50

兩側的直立凸出部分

稍微傾斜

L＝1,000以上時，
中央部分也要鑽孔

L＝700……1個
L＝1,580……1個

由於是不顯眼的場所，所
以即使進行2B程度的表
面處理，也沒有問題。

剖面圖（S＝1：3）

30

75

30

15

180

不鏽鋼製的玄關屋簷

從上方觀看不鏽鋼製的玄關屋簷。以玄關屋簷來說，凸出長度確實較長，所以要透過不鏽鋼桿懸吊屋簷。參考了伊禮智設計室的結構工法。

從玄關屋簷的天花板側所看到的情況。此玄關屋簷採用了獨立的不鏽鋼肋板結構，在裝潢部分，只有在不鏽鋼基底的天花板側貼上了木板。

玄關屋簷剖面圖（S＝1：10）

上部肋板詳細圖

圓角處理

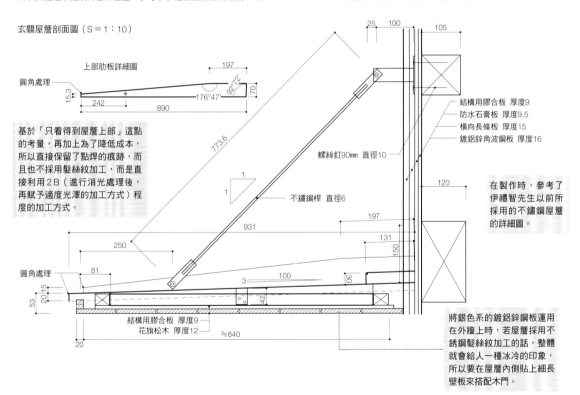

基於「只看得到屋簷上部」這點的考量，再加上為了降低成本，所以直接保留了點焊的痕跡，而且也不採用髮絲紋加工，而是直接利用2B（進行消光處理後，再賦予適度光澤的加工方式）程度的加工方式。

螺絲釘90mm 直徑10

不鏽鋼桿 直徑6

結構用膠合板 厚度9
防水石膏板 厚度9.5
橫向長條板 厚度15
鍍鋁鋅角波鋼板 厚度16

在製作時，參考了伊禮智先生以前所採用的不鏽鋼屋簷的詳細圖。

圓角處理

結構用膠合板 厚度9
花旗松木 厚度12

將銀色系的鍍鋁鋅鋼板運用在外牆上時，若屋簷採用不銹鋼髮絲紋加工的話，整體就會給人一種冰冷的印象，所以要在屋簷內側貼上細長壁板來搭配木門。

玄關屋簷正視圖（S＝1：10）

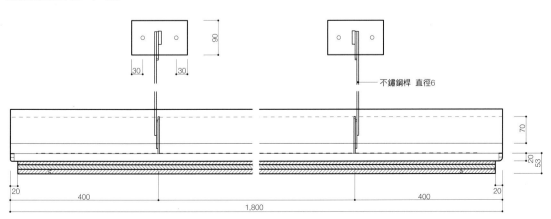

不鏽鋼桿 直徑6

從左側觀看很長的相連屋簷。懸吊在牆上的屋簷會透過J板材來支撐，上方則會連接從牆上伸出的不鏽鋼桿。較靠近眼前這邊的玄關部分的剖面圖如下圖所示。

從右側觀看很長的相連屋簷。屋簷天花板所採用的J板材具備純木材般的存在感和高級感，也很美觀。

屋簷剖面圖（S＝10）

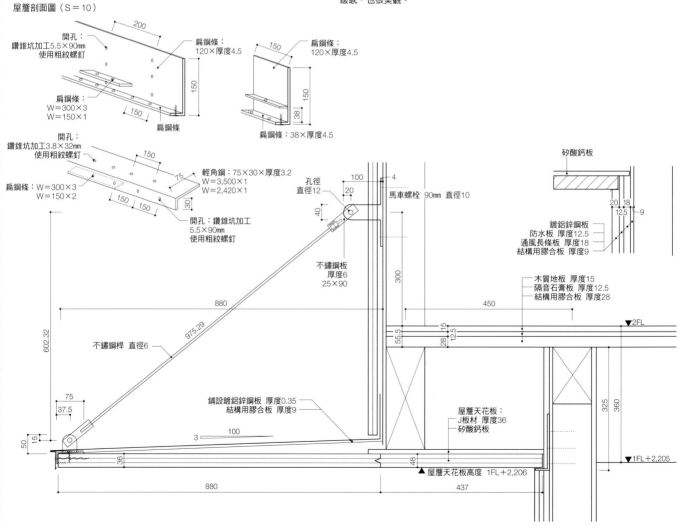

6–**5** 屋簷／屋頂 很薄的屋頂山形牆

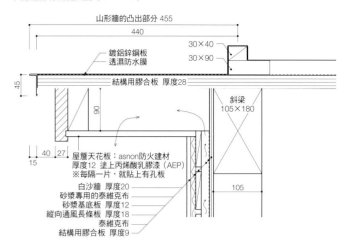

山形牆部分的剖面圖（S＝1：8）

山形牆的凸出部分 455
440
30×40
30×90
鍍鋁鋅鋼板
透濕防水膜
結構用膠合板 厚度28
斜梁 105×180
90
15
40 27
15
105
屋簷天花板：asnon防火建材
厚度12 塗上丙烯酸乳膠漆（AEP）
※每隔一片，就貼上有孔板
白沙牆 厚度20
砂漿專用的泰維克布
砂漿基底板 厚度12
縱向通風長條板 厚度18
泰維克布
結構用膠合板 厚度9

屋頂山形牆部分的施工情況。在搭建成井字形的檁條與椽子上貼厚膠合板，透過其剛性來承受施加在山形牆上的負重，這樣就能使基底材變得較薄。同時也能打造出屋頂的水平結構平面。

6–**6** 屋簷／屋頂 屋頂通風層的屋簷邊緣（防火閘）

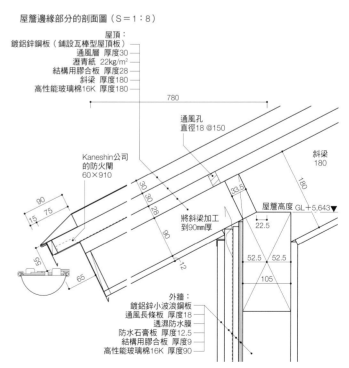

屋簷邊緣部分的剖面圖（S＝1：8）

屋頂：
鍍鋁鋅鋼板（鋪設瓦棒型屋頂板）
通風層 厚度30
瀝青紙 22kg/m²
結構用膠合板 厚度28
斜梁 厚度180
高性能玻璃棉16K 厚度180
780
通風孔
直徑18 @150
Kaneshin公司
的防火閘
60×910
斜梁
180
30 30 28
33.5
屋簷高度 GL＋5,643▼
90
75
15
90
22.5
將斜梁加工
到90mm厚
52.5 52.5
105
55
12
65
外牆：
鍍鋁鋅小波浪鋼板
通風長條板 厚度18
透濕防水膜
防水石膏板 厚度12.5
結構用膠合板 厚度9
高性能玻璃棉16K 厚度90

對於設置在延燒線上的屋簷天花板通風孔來說，防火閘是不可或缺的。在此例子中，為了不讓防火閘變得顯眼，所以裝設位置不是在屋簷天花板，而是在屋頂的屋簷邊緣部分。由於實際上還會再裝上雨水槽，所以防火閘會變得更加不顯眼。

屋頂通風層的山形牆（與外牆通風層相連）

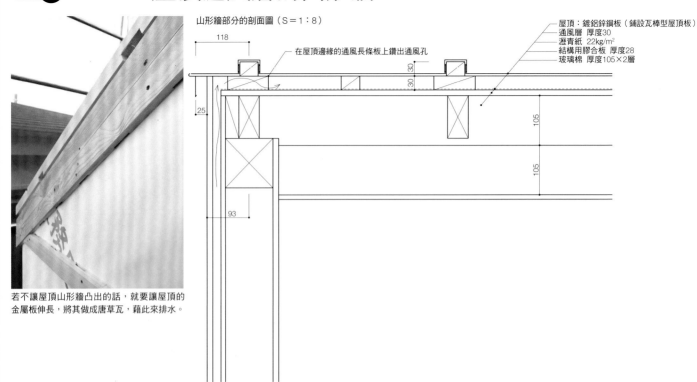

山形牆部分的剖面圖（S＝1：8）

在屋頂邊緣的通風長條板上鑽出通風孔

屋頂：鍍鋁鋅鋼板（鋪設瓦棒型屋頂板）
通風層　厚度30
瀝青紙　22kg/m²
結構用膠合板　厚度28
玻璃棉　厚度105×2層

118
25
93
30
30
105
105

若不讓屋頂山形牆凸出的話，就要讓屋頂的
金屬板伸長，將其做成唐草瓦，藉此來排水。

屋頂通風層的屋簷邊緣（與外牆通風層相連）

屋簷邊緣部分的剖面圖（S＝1：8）

屋頂：
鍍鋁鋅鋼板（鋪設瓦棒型屋頂板）
通風層　厚度30
瀝青紙　22kg/m²
結構用膠合板　厚度28
斜梁　厚度180
高性能玻璃棉16K　厚度180

斜梁
180

28 30 30
180
30 30

90
7.5
15

22.5

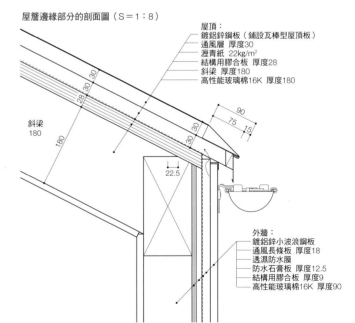

外牆
鍍鋁鋅小波浪鋼板
通風長條板　厚度18
透濕防水膜
防水石膏板　厚度12.5
結構用膠合板　厚度9
高性能玻璃棉16K　厚度90

當屋簷邊緣沒有向外凸出時，就會讓屋頂的通風層與外牆相連。黑色部分是市
售的人工木材，用來當作瓦棒型屋頂板的基底。另外，在基底的施工期間，會
將屋頂金屬板基底的補強建材放入通風椽子的中間。

6-**9** 屋簷／屋頂　金屬板製成的屋頂山形牆

當屋頂山形牆沒有向外凸出時，藉由使用屋頂金屬板來包覆山形牆，就能讓山形牆與屋頂看起來融為一體。

6-**10** 屋簷／屋頂　裝設博風板的屋頂山形牆

當屋頂山形牆沒有向外凸出時，也可以選擇在山形牆上裝設美西側柏製成的博風板。

6-**11** 屋簷／屋頂　金屬板製成的屋頂山形牆與屋脊包覆材
（屋頂山形牆有露出與沒有露出的情況）

當屋頂邊緣沒有向外凸出時，屋頂山形牆所呈現的模樣。
鍍鋁鋅鋼板製成的唐草瓦被山形牆覆蓋住，外牆建材則被插進其內側。

當屋頂邊緣向外凸出時，屋頂山形牆所呈現的模樣。
與左圖相同，會讓鍍鋁鋅鋼板緊貼在山形牆的部分上。
在與屋簷天花板之間的交界處，設有用來通風的空隙。

6-12 屋簷／屋頂　現成的屋脊通風結構材料

現成屋脊通風結構材料的施工情況。在使用了屋脊通風結構材料的位置放入夾層材料，就能製造出適當的空隙，並且達到防水、防蟲的效果。另外，之所以會貼上屋頂襯板，是因為採用的結構工法與OM太陽能系統相同。

6-13 屋簷／屋頂　以木材為基底的屋簷

要讓屋簷顯得輕巧，採用四坡屋頂風格會比較好。在此例子中，是透過木質基底將屋頂搭建成四坡屋頂般，最後再貼上金屬板。

6-14 屋簷／屋頂　將垂直雨水槽設置在不顯眼的位置

如下方照片所示，由於在此例子中，不想將垂直雨水槽設置在外牆的內側轉角，所以會沿著屋頂山形牆來裝設橫向雨水槽。由於垂直雨水槽會對外觀設計產生影響，所以若想要設置在不顯眼的位置，就必須在橫向雨水槽的裝設方式上多下一些工夫。（設計：伊禮智設計室）

屋簷邊緣部分的剖面圖（S＝1：8）

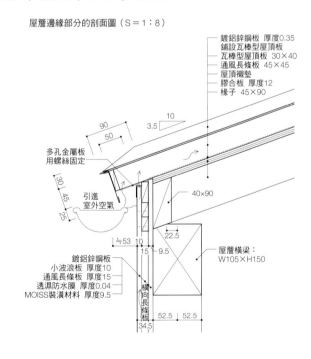

鍍鋁鋅鋼板　厚度0.35
鋪設瓦棒型屋頂板
瓦棒型屋頂板　30×40
通風長條板　45×45
屋頂襯墊
膠合板　厚度12
椽子　45×90

多孔金屬板
用螺絲固定

引進
室外空氣

40×90

22.5

屋簷橫梁：
W105×H150

鍍鋁鋅鋼板
小波浪板　厚度10
通風長條板　厚度15
透濕防水膜　厚度0.04
MOISS裝潢材料　厚度9.5

橫向長條板

90
50
3.5
10
30
45
25
≒53　10
15　9.5
52.5　52.5
34.5

陽台

陽台會對外觀的設計產生很大的影響。尤其是扶手部分，依照選用材質的不同，外觀給人的印象也會有很大差異，所以在挑選材質時最好要仔細考慮。另外，由於扶手也具備「遮擋來自外部的視線」、「防止摔落」等作用，所以也要好好地留意這些方面。採用木製扶手時，挑選高耐久度的材料是必須的，而在結構工法方面，也要採用「當材料劣化時，可以方便更換」的工法。

扶手、支柱：木材

使用2吋寬的美西紅側柏木材與日本扁柏角材所製成的扶手。
基於「耐久度」與「曬棉被時所產生的汙垢」等考量，現在大多採用合成木材。

扶手部分的剖面圖（S＝1：20）

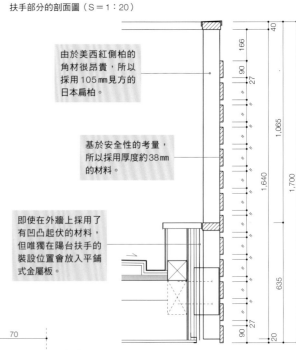

由於美西紅側柏的角材很昂貴，所以採用105mm見方的日本扁柏。

基於安全性的考量，所以採用厚度約38mm的材料。

即使在外牆上採用了有凹凸起伏的材料，但唯獨在陽台扶手的裝設位置會放入平鋪式金屬板。

支柱連接處的詳細圖（S＝1：4）

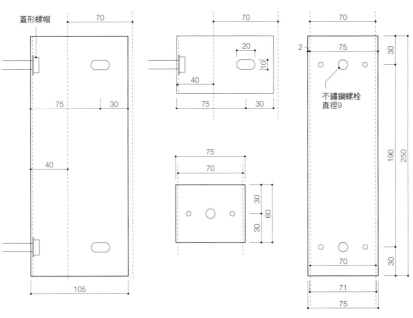

蓋形螺帽

不鏽鋼螺栓
直徑9

平面圖（S＝1：15）

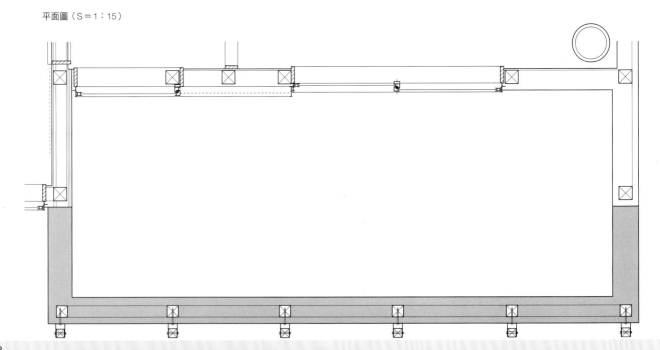

扶手：合成木＋支柱：鋼材＋橫窗櫺：鋼材

扶手部分的剖面圖（S＝1：10）

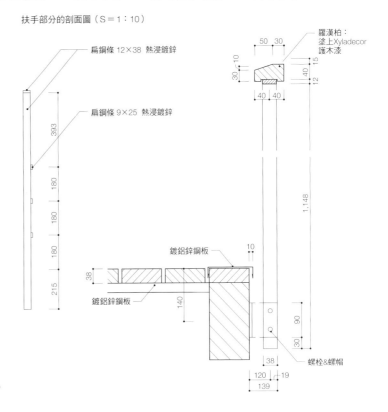

扁鋼條 12×38 熱浸鍍鋅

扁鋼條 9×25 熱浸鍍鋅

羅漢柏：
塗上 Xyladecor
護木漆

鍍鋁鋅鋼板

鍍鋁鋅鋼板

螺栓&螺帽

採用熱浸鍍鋅的鋼製扶手。只有扶手部分採用羅漢柏。
由於要先將扁鋼條焊接上去後，再進行熱浸鍍鋅，所以施工步驟會變多。
（設計：伊禮智設計室）

扶手：合成木＋支柱：鋼材＋直窗櫺：鋼材

扶手部分的正視圖（S＝1：4）

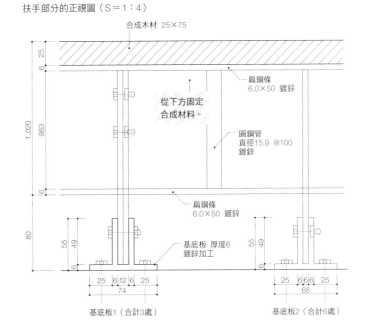

合成木材 25×75

扁鋼條
6.0×50 鍍鋅

從下方固定
合成材料。

圓鋼管
直徑15.9 @100
鍍鋅

扁鋼條
6.0×50 鍍鋅

基底板 厚度6
鍍鋅加工

基底板1（合計3處）　　　　基底板2（合計6處）

將合成木材扶手裝設在熱浸鍍鋅不鏽鋼支柱上的例子。由於彼此都具備高耐久
度，所以不用擔心其中之一會嚴重劣化。另外，如果全都採用合成木材的話，
費用會變得更加昂貴。之所以採用接合型扶手，是為了符合道路斜線的限制。

扶手：合成木＋支柱：鋁材＋橫窗櫺：木材

興建於住宅密集地區的住宅的室內陽台。在裝潢部分，為了遮擋來自外部的視線，
所以將合成木材貼在扶手牆上。不過，為了避免產生太大的壓迫感，
所以會在百葉扶手牆與扶手之間保留空隙。

扶手部分的剖面圖（S＝1：20）

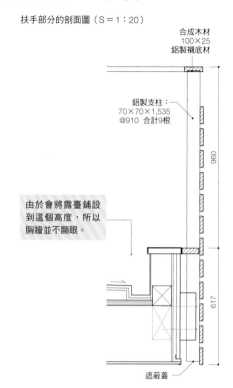

合成木材
100×25
鋁製襯底材

鋁製支柱：
70×70×1,535
@910 合計9根

由於會將露臺鋪設
到這個高度，所以
胸牆並不顯眼。

960

617

遮蔽蓋

剖面圖（S＝1：20）　　平面圖（S＝1：20）

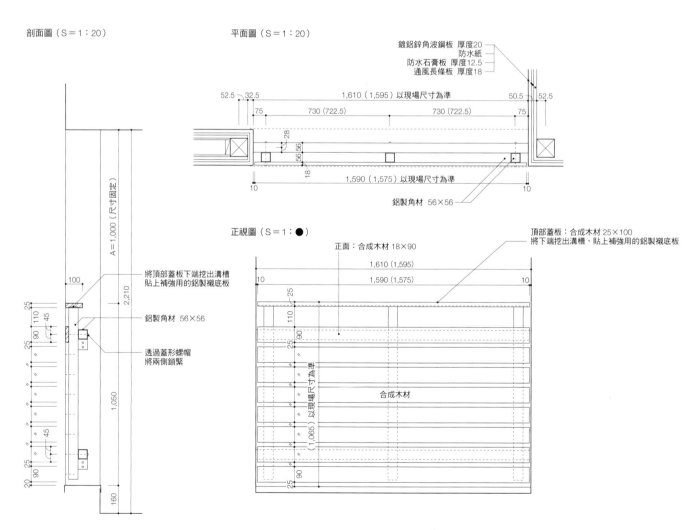

鍍鋁鋅角波鋼板 厚度20
防水紙
防水石膏板 厚度12.5
通風長條板 厚度18

52.5　32.5　1,610（1,595）以現場尺寸為準　50.5　52.5
75　730（722.5）　730（722.5）　75

28
56 56
18
1,590（1,575）以現場尺寸為準
10　10

鋁製角材 56×56

A＝1,000（尺寸固定）

100

2,210

25
90 110 45

25

25
45

1,050

20 90
160

將頂部蓋板下端挖出溝槽
貼上補強用的鋁製襯底板

鋁製角材 56×56

透過蓋形螺帽
將兩側鎖緊

正視圖（S＝1：●）

頂部蓋板：合成木材 25×100
將下端挖出溝槽，貼上補強用的鋁製襯底板

正面：合成木材 18×90

1,610（1,595）
10　1,590（1,575）　10

25
110
90
25

90

以現場尺寸為準
（1,065）

合成木材

90
25

扶手、支柱：鋼材＋鋼絲

為了能夠清楚地看到眼前的綠道，所以採用鋼絲扶手的例子。雖然在這種情況下，從綠道這邊也能將陽台看得一清二楚，
不過由於陽台具備較長的縱深，所以從綠道這邊看不到室內的模樣。

扶手部分的平面圖（S＝1：25）

支柱邊緣：中口徑方形鋼管 60×30 鍍鋅
在邊緣設置排水孔

扶手：頂部橫桿（top rail）
中口徑方形鋼管 60×30 鍍鋅

3,445（內側尺寸）

2（空隙）
3,441（製造用尺寸）
2（空隙）

70　1,041　30　1,043　30　1,041　70
30　　　　　3,385　　　　　30

扶手部分的正視圖（S＝1：25）

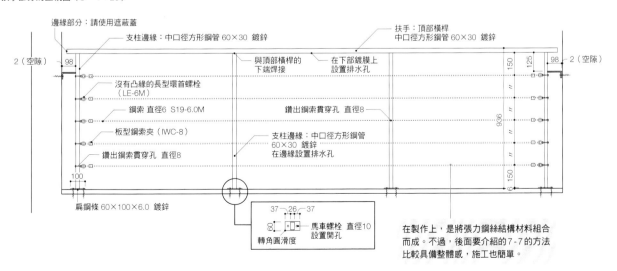

邊緣部分：請使用遮蔽蓋

支柱邊緣：中口徑方形鋼管 60×30 鍍鋅

扶手：頂部橫桿
中口徑方形鋼管 60×30 鍍鋅

2（空隙）　98

與頂部橫桿的
下端焊接

在下部鍍膜上
設置排水孔

150　125
2（空隙）　98

沒有凸緣的長型環首螺栓
（LE-6M）

鋼索 直徑6 S19-6.0M

鑽出鋼索貫穿孔 直徑8

板型鋼索夾（IWC-8）

支柱邊緣：中口徑方形鋼管
60×30 鍍鋅
在邊緣設置排水孔

936

鑽出鋼索貫穿孔 直徑8

100

150

扁鋼條 60×100×6.0 鍍鋅

37　26　37
8　　　　馬車螺栓 直徑10
　　　　　設置開孔
轉角圓滑度

在製作上，是將張力鋼絲結構材料組合
而成。不過，後面要介紹的7-7的方法
比較具備整體感，施工也簡單。

扶手：圓木＋鋼絲

圓木連接部分的詳細圖（S＝1：4）

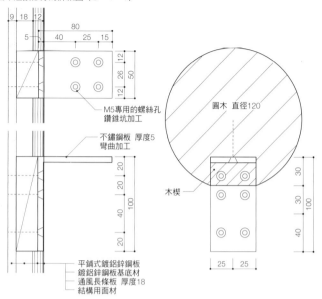

M5專用的螺絲孔
鑽錐坑加工

圓木 直徑120

不鏽鋼板 厚度5
彎曲加工

木楔

平舖式鍍鋁鋅鋼板
鍍鋁鋅鋼板基底材
通風長條板 厚度18
結構用面材

在鍍鋁鋅鋼板的簡約外觀中，日本扁柏製成的研磨圓木扶手會成為特色。

正視圖（S＝1：15）

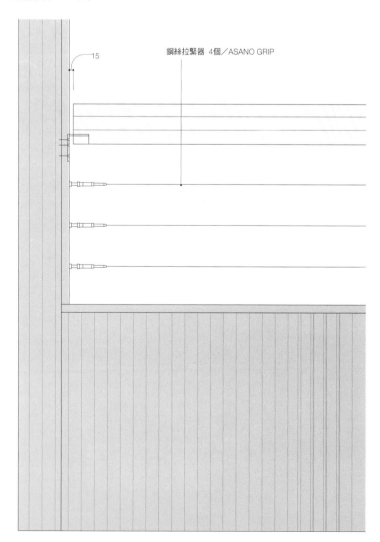

鋼絲拉緊器 4個／ASANO GRIP

扶手部分的剖面圖（S＝1：15）

圓木 直徑120

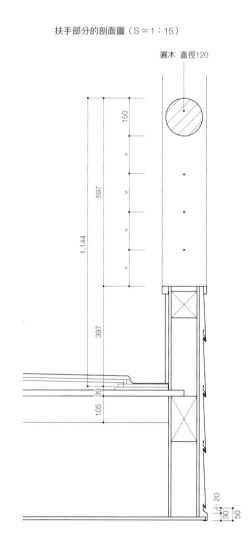

陽台是由木製扶手、鋼絲、不鏽鋼扁條等材料所組成。外觀給人一種簡約俐落的印象。

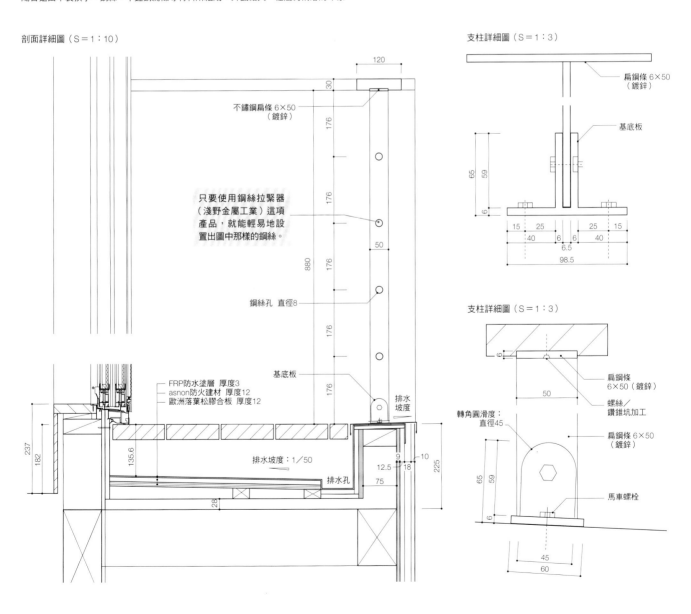

剖面詳細圖（S＝1：10）

120
30
不鏽鋼扁條 6×50
（鍍鋅）
176
176
只要使用鋼絲拉緊器
（淺野金屬工業）這項
產品，就能輕易地設
置出圖中那樣的鋼絲。
50
880
176
鋼絲孔 直徑8
176
基底板
176
排水坡度
FRP防水塗層 厚度3
asnon防火建材 厚度12
歐洲落葉松膠合板 厚度12
237
182
135.6
排水坡度：1／50
9 10
12.5 18
225
排水孔
75
28

支柱詳細圖（S＝1：3）

扁鋼條 6×50
（鍍鋅）
基底板
65
59
6
15 25 25 15
40 6 6 40
6.5
98.5

支柱詳細圖（S＝1：3）

6
50
轉角圓滑度：
直徑45
扁鋼條
6×50（鍍鋅）
螺絲／
鑽錐坑加工
扁鋼條 6×50
（鍍鋅）
65
59
6
馬車螺栓
45
60

103

FRP防水工法＋露臺

從室內所看到的陽台。為了減少陽台木製露臺與室內地板之間的高低落差，所以在清掃窗上裝設了平坦式窗框。

這種設計能讓滲進木製板材縫隙間的雨水，排到FRP防水地板再流至排水溝。若能做成「只要將木材移除，維護等作業就能確實地順利進行」會更好。

陽台剖面圖（S＝1：20）

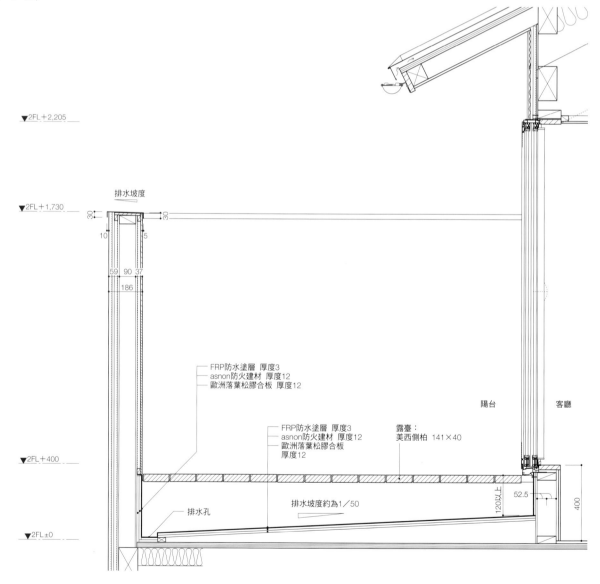

▼2FL＋2,205

排水坡度

▼2FL＋1,730

30

10 5

59 90 37
186

FRP防水塗層 厚度3
asnon防火建材 厚度12
歐洲落葉松膠合板 厚度12

FRP防水塗層 厚度3
asnon防火建材 厚度12
歐洲落葉松膠合板
厚度12

露臺：
美西側柏 141×40

陽台　　　客廳

▼2FL＋400

120以上

52.5

400

排水孔

排水坡度約為1／50

▼2FL±0

裝設在建築物上的鋼骨橫梁陽台。
由於採用木製扶手牆，所以看起來有如木製陽台。

鋼骨橫梁會貫穿牆壁，能確實地裝設在木造結構上。
由於鋼骨橫梁具耐久度，所以只要依照木材的劣化程度來進行更換，就能維持很久。

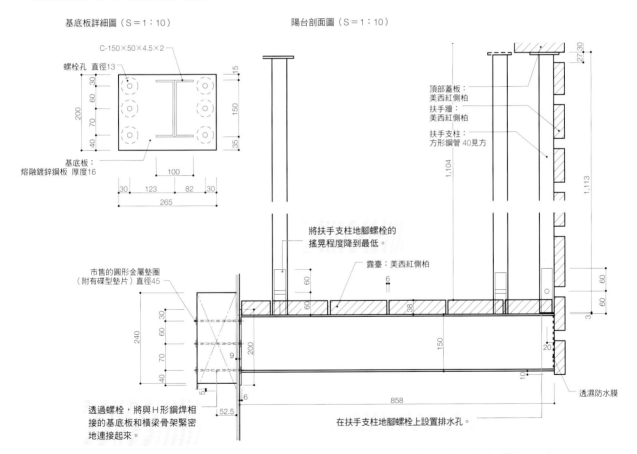

基底板詳細圖（S＝1：10）

陽台剖面圖（S＝1：10）

C-150×50×4.5×2

螺栓孔 直徑13

基底板：
熔融鍍鋅鋼板 厚度16

頂部蓋板：
美西紅側柏

扶手牆：
美西紅側柏

扶手支柱：
方形鋼管 40見方

將扶手支柱地腳螺栓的
搖晃程度降到最低。

露臺：美西紅側柏

市售的圓形金屬墊圈
（附有碟型墊片）直徑45

透濕防水膜

透過螺栓，將與H形鋼焊相
接的基底板和橫梁骨架緊密
地連接起來。

在扶手支柱地腳螺栓上設置排水孔。

想要將以鋼骨橫梁來支撐的陽台設計成清爽風格時，或是不易設置雨水排水路
徑時，此設計會是個有效的方法。由於陽台與木造骨架不會互相影響，所以此
設計也能用於木造3層樓建築的緊急出入口。

屋簷邊緣很深的山形大屋頂平房

從日式榻榻米客廳觀看客飯廳。在深處可以看到書房、寢室。
另外，書房上方為閣樓收納空間，光線會經由天花板的天窗照進客廳。

從客飯廳觀看日式榻榻米客廳。只要將用來區隔2個房間的日式拉門或日式客廳的拉門打開，
就能獲得開放視野與通風效果。

1樓的陽台。由於眼前
是與建地相鄰的道路，
所以裝設了竹簾。

廚房（左）與餐具櫃。
兩者都採用木工裝潢。
將廚房設置在牆邊，餐
具櫃則靠近客廳這邊。

蓋在住宅密集地區的平房住家。雖然此建地在都市地區中算是條件不錯的，不過由於新的防火規範，所以建築變成了準防火結構。在附近一帶，擁有深屋簷的山形大屋頂民宅是很少見的。

客飯廳的天花板順著屋頂，形成了斜面天花板，一直延伸到閣樓。雖然是平房，但藉由這種連接方式，就能打造出寬敞的挑高設計。另外，考慮到南側空地將來會變得堵塞，所以透過天窗來確保採光與通風。此外，也採用了很多本公司的基本手法，像是大型吉村式格子拉門、嵌入式家具等。

從西側的相鄰道路觀看住家。以圍牆、植物、車棚來間接地區隔路與住宅。

■ 平面圖（S＝1：150）

閣樓空間

只會讓此部分的天花板順著屋頂延伸，提升天花板高度。

陽台會成為間接區隔內外空間的緩衝區。

天花板上方的空間　　閣樓收納空間　　天花板上方的空間

天花板上方的空間

客飯廳 榻榻米區上部

天花板上方的空間

5,750

12,120

建築物概要
建築面積 160.85m²
1樓地板面積 69.69 m²
閣樓地板面積 16.83 m²

1樓、建地

門廊　玄關　收納空間　廚房　盥洗更衣室　浴室
榻榻米區　客飯廳　書房　寢室
陽台

將用水處集中在一處，以便於做家事。

確實地確保東西、南北方向的通風路徑。

5,750

12,120

■ 剖面詳圖（S＝1：100）

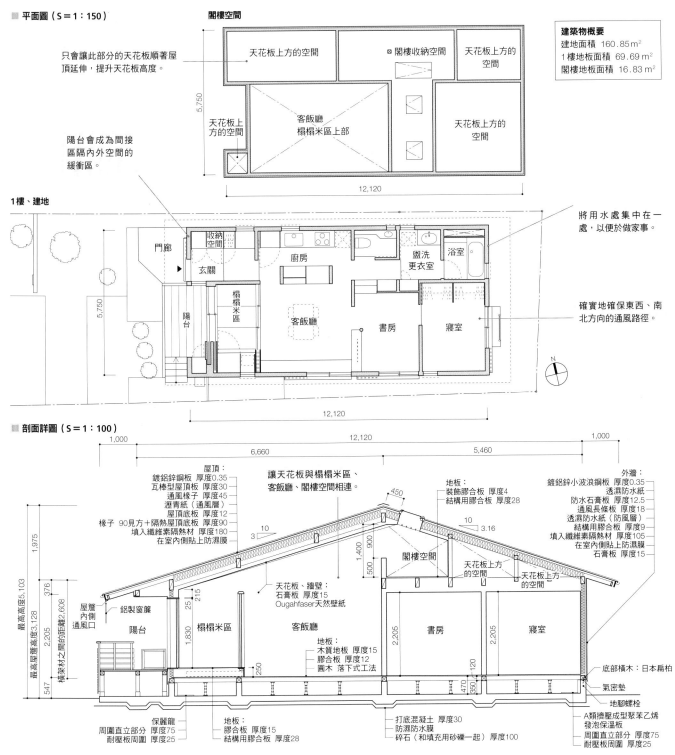

1,000　　12,120　　1,000
6,660　　5,460

屋頂：
鍍鋁鋅鋼板 厚度0.35
瓦棒型屋頂板 厚度30
通風格子 厚度45
瀝青紙（通風層）
屋頂底板 厚度12
椽子 90見方＋隔熱屋頂底板 厚度90
填入纖維素隔熱材 厚度180
在室內側上貼上防濕膜

讓天花板與榻榻米區、客飯廳、閣樓空間相連。

地板：
裝飾膠合板 厚度4
結構用膠合板 厚度28

外牆：
鍍鋁鋅小波浪鋼板 厚度0.35
透濕防水紙
防水石膏板 厚度12.5
通風長條板 厚度18
透濕防水紙（防風層）
結構用膠合板 厚度9
填入纖維素隔熱材 厚度105
在室內側貼上防濕膜
石膏板 厚度15

450
10
3.16
10
3

閣樓空間

天花板上方的空間
天花板上方的空間

1,400
900
500

天花板、牆壁：
石膏板 厚度15
Ougahfaser天然壁紙

最高高度5,103
1,975
376
最高屋簷高度3,128
2,205
547
橫架材之間的距離2,608
215
25
1,830
2,205

屋簷內側通風口
鋁製窗簾

陽台　榻榻米區　客飯廳

書房
2,205
120

寢室
2,205

地板：
木質地板 厚度15
膠合板 厚度12
圓木 落下式工法

250

470
350

底部橫木：日本扁柏
氣密墊
地腳螺栓
A類擠壓成型聚苯乙烯發泡保溫板
周圍直立部分 厚度75
耐壓板周圍 厚度25

保麗龍
周圍直立部分 厚度75
耐壓板周圍 厚度25

地板：
膠合板 厚度15
結構用膠合板 厚度28

打底混凝土 厚度30
防濕防水膜
碎石（和填充用砂礫一起）厚度100

2樓有明亮客廳的2層樓建築 松原的家

設置在2樓的客飯廳與廚房。順著屋頂來設置斜面天花板,打造出具有開放感的空間。
前方的書桌區可用於讀書、使用電腦等各種用途。

由於嵌入式廚房(左)的製作要配合室內裝潢,所以本公司也常採用這種設計。
在客廳外側設置略大的陽台(中、右),也能當成第二客廳來使用。

和室與陽台。可以把在
陽台曬乾的衣物拿到和
室摺好。

盥洗室(左)與玄關。
玄關的右側是水泥地收
納空間,可以收納各種
戶外用品。

■ 剖面詳圖（S＝1：60）

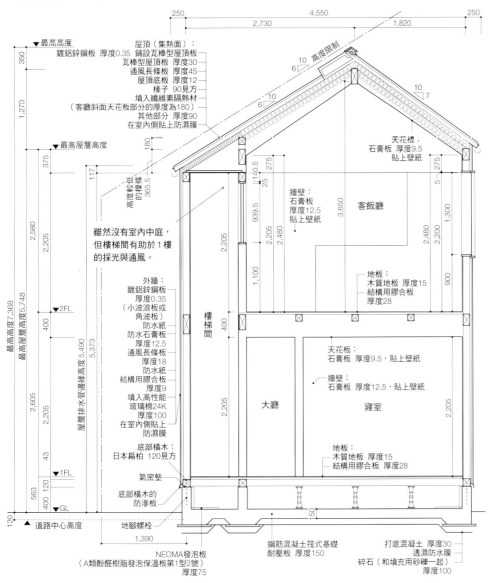

最高高度

屋頂（集熱面）：
鍍鋁鋅鋼板 厚度0.35 鋪設瓦棒型屋頂板
瓦棒型屋頂板 厚度30
通風長條板 厚度45
屋頂底板 厚度12
椽子 90見方
填入纖維素隔熱材
（客廳斜面天花板部分的厚度為180）
其他部分 厚度90
在室內側貼上防濕膜

最高屋簷高度

天花板：
石膏板 厚度9.5
貼上壁紙

高度較低的橫條

雖然沒有室內中庭，
但樓梯間有助於1樓
的採光與通風。

牆壁：
石膏板
厚度12.5
貼上壁紙

客飯廳

外牆：
鍍鋁鋅鋼板
厚度0.35
（小波浪板或
角波板）
防水紙
防水石膏板
厚度12.5
通風長條板 厚度18
防水紙
結構用膠合板
厚度9
填入高性能
玻璃棉24K
厚度100
在室內側貼上
防濕膜

樓梯間

地板：
木質地板 厚度15
結構用膠合板
厚度28

天花板：
石膏板 厚度9.5，貼上壁紙

牆壁：
石膏板 厚度12.5，貼上壁紙

大廳

寢室

底部橫木：
日本扁柏 120見方

氣密墊

底部橫木的
防滲板

地板：
木質地板 厚度15
結構用膠合板
厚度28

道路中心高度

地腳螺栓

NEOMA發泡板
（A類酚醛樹脂發泡保溫板第1型2號）
厚度75

鋼筋混凝土筏式基礎
耐壓板 厚度150

打底混凝土 厚度30
透濕防水膜
碎石（和填充用砂礫一起）
厚度100

從西側的相鄰道路觀看住宅。在外觀
上，室內車庫與陽台的木製百葉很有
特色。

建築物概要
建地面積 97.68m²
1樓地板面積 57.96 m²
2樓地板面積 49.58 m²
總地板面積 107.54 m²
閣樓地板面積 14.90 m²

■ 平面圖（S＝1：150）

2樓

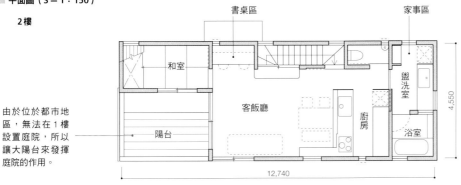

書桌區　　　　家事區

和室

客飯廳

盥洗室

廚房

浴室

由於位於都市地
區，無法在1樓
設置庭院，所以
讓大陽台來發揮
庭院的作用。

陽台

1樓、建地

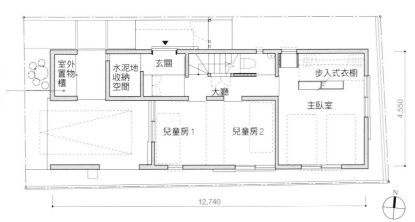

室外
置物
櫃

水泥地
收納
空間

玄關

步入式衣櫥

大廳

主臥室

兒童房1　兒童房2

為了收納丈夫的
釣魚用具，所以
除了水泥地收納
空間以外，還設
置了室外置物櫃。

這是為了夫婦與兩個孩子
一家四口所建造的住宅。東
西向較長的長方形建地面積
約30坪大，雖然在東京都
地區算是很大了，不過因為
位在住宅密集地區而無法獲
得充足的採光，所以採用了
「將2樓作為客廳」的逆向
設計方案。

在客廳所在的2樓，基於
家事動線的考量，所以將廚
房、盥洗室、浴室等用水處
集中起來，並在西南側設置
用來代替庭院的大型露臺，
露臺旁邊還有一間小和室。
1樓由兒童房和主臥室所組
成，露臺下方設置了室內車
庫，在玄關周圍，則確保了
室外置物櫃、玄關水泥地，
以及充裕的收納空間。

蓋在僅11坪的超狹小建地上的3層樓建築

2樓的LDK。雖然將天花板高度控制在2,100mm，不過由於設置了室內中庭，
所以完全不會產生壓迫感。窗戶也很多，房間整體上相當明亮。

2樓的客廳（左）。沙發上方裝設了吊櫃。窗外有個小陽台。
訂製廚房（中）具備充裕的收納空間。3樓的單人房（右）將來可以當成兒童房來使用。

玄關（左）雖然小巧，但擁有具
備收納能力的鞋櫃。木板台階採
用經過削痕加工的栗木，玄關台
階裝飾材則採用日本櫻桃樺木
（中）。鞋櫃下方的閒置小空間則
裝設了抽屜（右）。

■ 剖面詳圖（S＝1：60）

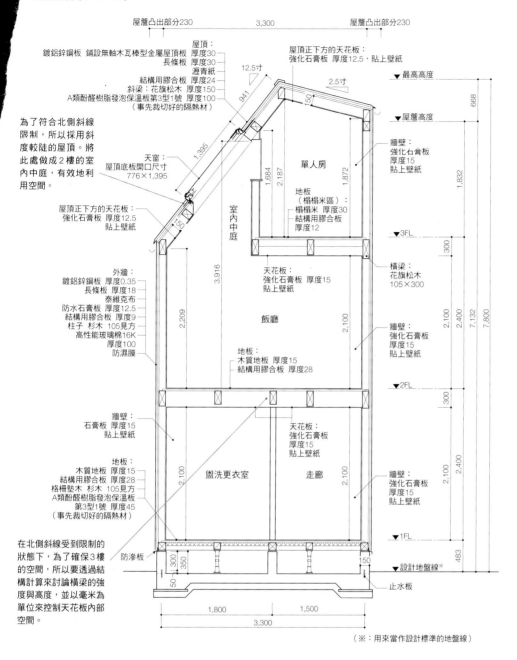

屋簷凸出部分230　　3,300　　屋簷凸出部分230

鍍鋁鋅鋼板　鋪設無軸木瓦棒型金屬屋頂板
　長條板　厚度30
　　　　　厚度30
　　　瀝青紙
結構用膠合板　厚度24
斜梁：花旗松木　厚度150
A類酚醛樹脂發泡保溫板第3型1號　厚度100
（事先裁切好的隔熱材）

屋頂：

12.5寸

屋頂正下方的天花板：
強化石膏板　厚度12.5，貼上壁紙

2.5寸

◆ 最高高度

◆ 屋簷高度

為了符合北側斜線限制，所以採用斜度較陡的屋頂。將此處做成2樓的室內中庭，有效地利用空間。

屋頂正下方的天花板：
強化石膏板　厚度12.5
貼上壁紙

天窗：
屋頂底板開口尺寸
776×1,395

單人房

室內中庭

地板
（榻榻米區）
　榻榻米　厚度30
　結構用膠合板
　厚度12

牆壁：
強化石膏板
厚度15
貼上壁紙

◆ 3FL

外牆：
鍍鋁鋅鋼板　厚度0.35
長條板　厚度18
泰維克布
防水石膏板　厚度12.5
結構用膠合板　厚度9
柱子　杉木　105見方
高性能玻璃棉16K
　厚度100
防濕膜

飯廳

天花板：
強化石膏板　厚度15
貼上壁紙

橫梁：
花旗松木
105×300

牆壁：
強化石膏板
厚度15
貼上壁紙

地板：
　木質地板　厚度15
　結構用膠合板　厚度28

◆ 2FL

牆壁：
石膏板　厚度15
貼上壁紙

地板：
　木質地板　厚度15
　結構用膠合板　厚度28
　格柵墊木　杉木　105見方
　A類酚醛樹脂發泡保溫板
　第3型1號　厚度45
（事先裁切好的隔熱材）

盥洗更衣室

走廊

天花板：
強化石膏板
厚度15
貼上壁紙

牆壁：
強化石膏板
厚度15
貼上壁紙

在北側斜線受到限制的狀態下，為了確保3樓的空間，所以要透過結構計算來討論橫梁的強度與高度，並以毫米為單位來控制天花板內部空間。

防滲板

◆ 1FL

◆ 設計地盤線※

止水板

1,800　　1,500

3,300

（※：用來當作設計標準的地盤線）

■ 平面圖（S＝1：150）

1樓、建地　　　　2樓　　　　3樓

3,300　　　3,300　　　3,300

單人房

走廊

盥洗更衣室

浴室

玄關

6,900

LDK

6,900

閣樓空間2　單人房2

閣樓空間1

單人房1

室內中庭　單人房3

露臺區

900

3,300

在3樓確保3間單人房。將來會作為兒童房來使用。

室內中庭有助於2樓的通風、採光、寬敞感。

從西側看到的住宅外觀。雖然住宅將建地塞得很滿，但還是在道路與建築物之間的小空間內種了植物。

建築物概要
建地面積　38.50m²
1樓地板面積　22.77m²
2樓地板面積　22.77m²
3樓地板面積　15.84m²
總地板面積　61.38m²

　這棟小型住宅屬於3層樓木造建築，蓋在面積僅11坪多的狹小建地上。由於北側有斜線限制，所以沒有任何建築公司提出3層樓的方案。在因緣際會下，本公司得知了此事。為了讓夫婦倆與孩子一家三口能夠舒適地生活，本公司設計了3層樓的住宅。一邊確保防震性能，一邊降低橫梁高度，將天花板高度控制在2,100mm，以抑制建築物高度，藉此就能讓3樓的天花板高度勉強符合規定。

　我們認為，一邊運用嵌入式家具、門窗隔扇等來確保必要的單人房與收納空間，一邊利用天窗、室內中庭等來獲得採光、通風效果，就能打造出舒適自在的住宅。

TITLE

木造住宅的實用結構工法圖鑑

STAFF

ORIGINAL JAPANESE EDITION STAFF

出版	瑞昇文化事業股份有限公司
編著	X-Knowledge Co. Ltd.
譯者	李明穎
監譯	大放譯彩翻譯社

デザイン	マツダオフィス
DTP	シンプル
印刷	シナノ図書印刷

總編輯	郭湘齡
責任編輯	蔣詩綺
文字編輯	黃美玉　徐承義
美術編輯	孫慧琪
排版	執筆者設計工作室
製版	昇昇興業股份有限公司
印刷	桂林彩色印刷股份有限公司

法律顧問	經兆國際法律事務所　黃沛聲律師

戶名	瑞昇文化事業股份有限公司
劃撥帳號	19598343
地址	新北市中和區景平路464巷2弄1-4號
電話	(02)2945-3191
傳真	(02)2945-3190
網址	www.rising-books.com.tw
Mail	deepblue@rising-books.com.tw

初版日期	2018年4月
定價	450元

國家圖書館出版品預行編目資料

木造住宅的實用結構工法圖鑑 /
X-Knowledge Co. Ltd.編著；李明穎譯.
-- 初版. -- 新北市：瑞昇文化, 2018.04
112面；21 x 29公分
譯自：木造住宅の実用納まり図鑑
ISBN 978-986-401-234-3(平裝)
1.建築物構造 2.木工

441.553   107004716